JN058847

今日から
モノ知り
シリーズ
トコトンやさしい

地盤工学の本

安田　進

地形や構成する土の特性によって、地盤は異なります。画一的に把握することは難しく、さまざまなパターンを有しています。安全で安心な生活を送るためには地盤を知り、災害を未然に防ぐ取り組みが求められます。

B&Tブックス
日刊工業新聞社

はじめに

ガリレオはピサの斜塔で物体の落下法則の実験をしたと言われていますが、勿論、この斜塔は斜めに造り始めたのではありません。建設を始めたら傾いてきたので、修正しつつ建設を進めたとのことです。それでも傾きがひどくなってきたので、ついに2001年、トリノ工科大学のヤミオルコフスキー教授らによって対策が施されました。

筆者がメキシコシティに初めて行ったのは1986年です。中心地のソカロの広場で見回すと、周囲に建てられている重厚な建物が右や左に向きに傾いていて、どの建物がまっすぐ建っているのか分かりませんでした。また、よく見ると巨大なメトロポリタン大聖堂も大きく沈下していました。

現在の我が国ではこのように傾いているビルは滅多に見かけません。ところが、2011年に発生した東日本大震災では、千葉県の浦安市から千葉市にかけての東京湾岸の埋立地や利根川周囲で、数多くの戸建て住宅が沈下して傾きました。メキシコシティと違って、よく見ないと沈下・傾斜していることが分からない程度でした。それでも傾いた家に住んでいる住民の方々には眩暈や吐き気といった健康障害がおきましたので、家屋を持ちあげて基礎を直して復旧する必要がありました。

これらのように、構造物を造るときに沈下や傾斜しないようにし、建設後も地震などの災害に耐えることが必要です。そのため、構造物の建設計画時点から調査、設計、施工、維持管理の段階すべてで、地盤の特性や挙動に注意しておく必要があります。維持管理に関しては設計時の外力に対して安全を保つだけでなく、施工後に変化する外力にも対応が必要です。南海トラフの巨大地震が近いうちに発生しそうだとか、地球の温暖化で豪雨の降り方が変わってきたといった外力の変化に対応するため、「防災」といった観点から補強を行っていくことが近年必要となってきています。

計画から維持管理・防災までの過程で、地盤に関して種々の検討が行われます。良い地盤に建設するために、計画段階では地形や土地の履歴、過去の地盤データなどを基に場所の選定が行われます。そのために地形学に関する知識が必要です。調査段階ではボーリングや各種の地盤調査、土質試験を行って、設計に必要な定数を求めます。そのために、「土質力学」と称する力学体系を習得しておく必要があります。また、地質学の知識も必要です。設計段階では、土質力学に加えて構造物基礎の設計方法を習得しておく必要があります。勿論、応用力学や水工学の知識も必要です。施工段階ではこれらに加えて、施工法、測量学の知識も必要になってきます。最後の防災の段階では地震工学や気象学、火山工学といった分野の知識も大切になってきます。

そこで、本書では土質力学を中心にして、関連する学問分野も少しずつ含ませた、地盤工学の概論としてみました。したがって、より専門的に知りたい方は参考文献に示した図書などを参照していただきたいと思います。また、本書では計画から防災までの流れに沿って、計画段階は第1章、調査・設計段階は第2~3章、施工段階は第4~5章、防災関係は第6章で扱うようにしています。

本書は、主に土木工学、建築学、農業工学に携わっておられる方々を対象にしています。これらの方々の中も、計画段階を担当されている役所などの発注者の方、調査・設計を担当されているコンサルタントや設計事務所の方、施工を担当されているゼネコンやメーカーの方、と担当が分かれていると思います。そして、互いに他の担当の方がどのように地盤に関する問題を扱っているか、あまり知らないのが現状と思われます。そのようなときに、全体を通した概論を一通り扱っている本書を役立てていただければ幸いです。という著者自体も施工には経験が少なく、今後も勉強していかねばと、本書を書きつつ気を引き締めているところです。

通常の教科書とは異なり、本書はどのような内容にするかといった目次の設定からスタートしました。その時点から原稿完成まで、終始、石原研而先生と三浦基弘先生にご指導をいただきました。三浦先生には第5章のコラムの執筆もしていただきました。また、日刊工業新聞社の土坂裕子さんには叱咤激励していただき、何とか完成しました。末筆ながらこれらの方々に感謝する次第です。

安田　進

2020年3月6日

目次 CONTENTS

第1章 地盤ってなに？

第2章 地盤の力学

第3章 地盤を知るには

第4章 地盤改良と盛土・斜面補強

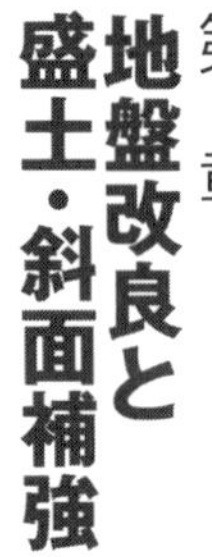
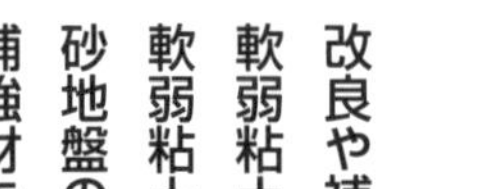

第5章 地盤工学と建設

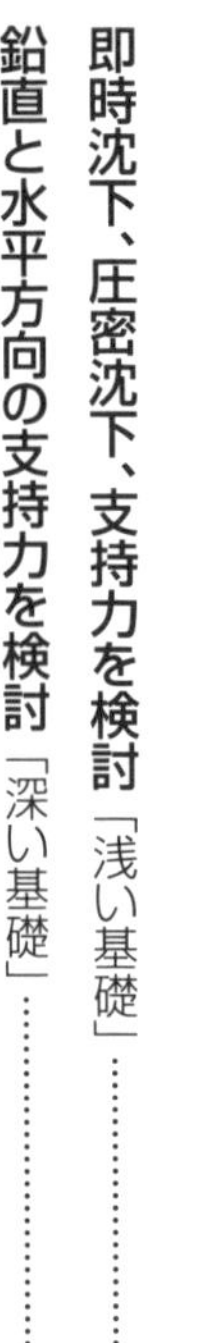

第6章 地盤災害と対策

第1章

地盤ってなに?

1 さまざまな土

地盤を構成する土の種類

「土」と一口に言っても、粒径の大きい砂礫（されき）から細かい粘土まであります。また、生成の仕方も岩石が砕かれたものから植物が腐植してできたものなど、多種多様です。

土を生成過程から分類しますと、風化土（ふうかど）と堆積土（たいせきど）に分けられ、さらに細かく分けられます（表）。一般に山の斜面は固い岩石でできていますが、その表層は通常数十cmから数mの厚さで風化しています。この風化した土や母岩の岩石が雨や地震で崩れますと、斜面の足元に積み重なります（図1）。これを崩積土（ほうせきど）と呼びます。この土は様々な粒径の土から成っています。

崩積土はその後、雨水により川に流れ出し、川の流れに乗って下流の海や湖まで流されていきます。そして川の途中や海底、湖底に堆積します。岩石の崩壊は海岸でも波の作用で生じますので、海の流れで運ばれて海岸にも土が堆積します。

一方、風によって土が舞い上がって運ばれ、他の場所にも堆積します（図2）。また、火山が噴火すると種々の粒径の火山砕屑物（さいせつぶつ）が噴出し、大きな火山弾は近くに落下し、細かい火山灰は数百kmと遠くまで風に乗って飛んでいき堆積します。この他、氷河で谷の斜面が削られたり、湿地などで木や草が腐朽したものが土になります。

これらは自然に堆積した土ですが、さらにこれらを掘削して人工的に造った地盤が多くあります。海岸の埋立地や田畑上の盛土などです。

さて、土を粒子の大きさから分類しますと石、礫（れき）、砂、シルト、粘土に分けられます（図3）。我が国ではそれぞれの境界は75mm、2mm、0・075mm、0・005mmと定められています。そして、シルトと粘土を細粒分と呼びます。ただし、一般の土は種々の粒径から構成されていますので、細粒分が50％以下と以上で粗粒土、細粒土に分け、さらに、粒径や液性限界などで細かく分類されています。

要点BOX

- 生成過程による分類
- 粒径による分類
- 土は川と風の流れによって運ばれる

表　生成過程から見た土の分類

分類	営力	種類
風化土	破砕、分解、腐朽	残積土
堆積土	重力	崩積土
	流水	河成土、海成土、湖成土、
	風力	風積土
	火山	火山性堆積土
	氷河	氷積土
	植物の腐朽	有機質土

注）この他に人工の盛土、埋立土もある。

図1　風化した土や岩石が崩れ積み重なった土

（チリ とアルゼンチンの国境）

図2　風によって運ばれた土

（鳥取砂丘）

図3　粒径区分とその呼び名

細粒分		粗粒分						石分	
粘土	シルト	砂			礫			石	
		細砂	中砂	粗砂	細礫	中礫	粗礫	粗石	巨石

粒径（mm）　0.005　0.075　0.25　0.85　2　4.75　19　75　300

2 地形により地盤は違う

山地、丘陵地、台地、低地の地盤の特徴

地形を大きく分類しますと、山地、丘陵地、台地、低地と分けられます(図1)。山地の斜面表面は風化していき豪雨や地震で時々崩れますが、斜面を構成する岩石の種類によってその崩壊のし易さが異なることに注意が必要です。特に花崗岩(かこうがん)のような深成岩では風化が深くまで及び、その途中に未風化の岩石も含む、複雑な風化の仕方をします(図2)。したがって地盤調査をした場合に風化層の判断を誤ることがあります。また、豪雨時に崩壊し土石流を生じ易く、問題が多い岩石です。

丘陵地では山地ほど斜面の勾配がきつくなく、山地に比べて斜面崩壊は生じ難いと言えます。ただし、人工ののり面には注意が必要です。1960年代から人口の増加と核家族化で大都市の近郊の丘陵地に宅地が多く造成されてきました。造成にあたって小高い丘を掘削し、谷部に盛土して宅地が造られてきました。造成の仕方が悪いところでは、地震や豪雨によって盛土や切土ののり面がすべる被害が発生しています。

台地は低地より古い時代(例えば第四紀のうちで約2万年前におとずれた氷期以前)に形成されました(表)。関東の神奈川や東京、埼玉の台地では、この時代に箱根などから噴出した火山灰の関東ロームが表層に堆積しています。この層は固結していないまでも少し固くて、一般に構造物を支持できる強度を有しています。ただし、台地の中にも谷底低地があり、軟弱な地盤も存在します。

これらに対し、川沿いの低地には第四紀のうちの約2万年前から現在にかけて川が運んだ土砂が堆積しています。また、海岸・湖岸沿いにも海岸流で運ばれた土砂などが堆積しています。これらの土砂は軟弱な粘土や緩い砂の層となっています。したがって、重い構造物を支持できないとか、地震時に液状化し易いなど、問題が多い地盤となっています。

要点BOX
- ●地形は4つに分類
- ●花崗岩の風化は複雑で調査判断が困難
- ●川や海沿いの土砂は軟弱

図1　東京の東西方向の断面図

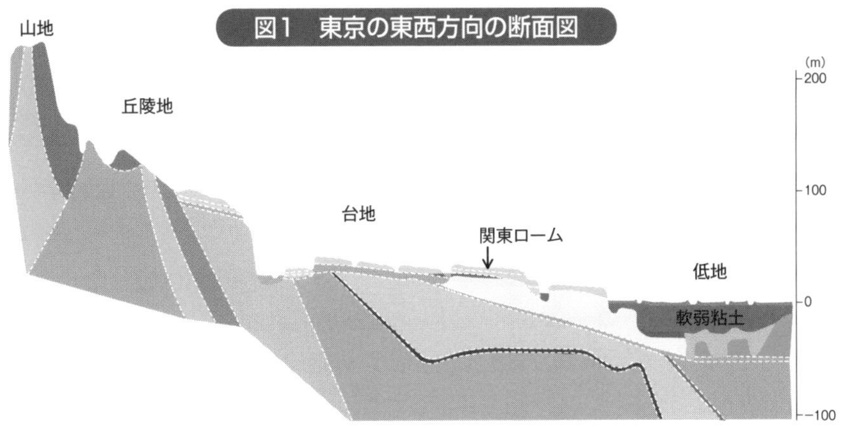

（資料：東京都地質調査業協会の図をもとに簡略化）

図2　花崗岩の風化の仕方

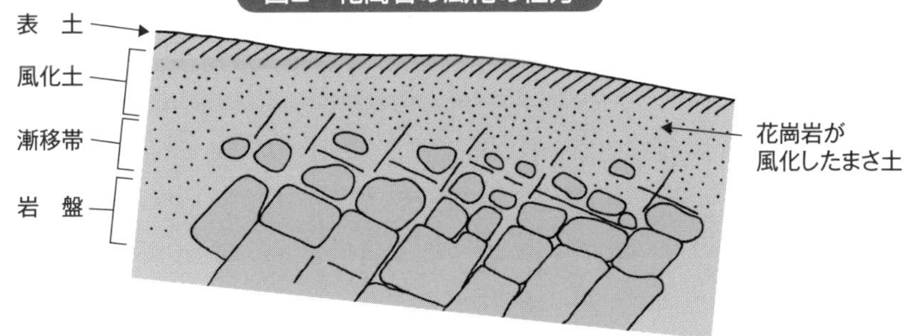

表　地質系統・年代

累界／累代	顕生												先カンブリア							
界／代	新生			中生			古生						原生			太古				冥王
系／紀	第四	新第三	古第三	白亜	ジュラ	三畳	ペルム	石炭	デボン	シルル	オルドビス	カンブリア	新原生	中原生	古原生	新太古	中太古	古太古	原太古	
年代／百万年前	現在（完新世・更新世）		66.0			251.902 ±0.024						541.0 ±1.0								4000～4600

用語解説

深成岩：マグマが地下深い所に貫入して、冷却・固結してできた岩石。

3 川の流れで大地は造られた

河川沿いの低地の地盤の成り立ち

山地から平野にかけて川の勾配が緩くなり、流れの速さも次第に落ちていきます。山地で発生した崩積土のうち、大きな粒径の石や礫は流速が落ちるとすぐ堆積します。砂やシルト、粘土はさらに流されていきますが、次第に砂、シルトが流れなくなり、最終的に粘土だけが遠くまで流れていきます。したがって、河川沿いに上流から下流にかけて堆積している土が大きく異なります(図1)。

まず、川が山から平野に出る所で川の流れは扇状に拡がり、また川の勾配も緩くなります。そこで、粒径の大きい礫質土が扇状に堆積し、扇状地を形成します。礫質土で地下水位も低いため、扇状地の地盤は支持力が大きく、工学的には他の低地に比べて安定した地盤と言えます。ただし、川は急流のため、豪雨時の橋脚の洗掘被害が発生し易い所です。

扇状地より下流の自然堤防地帯では河床勾配がさらに緩くなり、砂質土が堆積します。ただし、細粒分も多く含まれているので、川が氾濫したときに、川沿いには砂質土が堆積するものの、粘性土は氾濫した水とともに流れ出し広く堆積します(図2)。前者を自然堤防、後者を後背湿地と呼びます。自然堤防自体は砂で比較的締まっているため、昔から家が建ち並んでいました。ただし、自然堤防の後背湿地側の縁では、砂が緩く堆積していて地下水位も浅いため、地震時に液状化被害が生じ易い地盤です。一方、後背湿地は表層に軟らかい粘性土が堆積している軟弱地盤となっています。

河口に近くなって川が湾に注ぐ所では三角州が形成されます(図3)。この三角州地帯では細かい砂やシルトが一面に堆積します。緩い状態で堆積しているので、構造物の支持や地震時の液状化など地盤工学的に問題が多い地盤です。

さらに細かい粘土は最後に、海まで運ばれ、海底に堆積します。この土は当然軟弱です。

要点BOX

- ●粒径の大きい礫質土が扇状地を形成
- ●扇状地より下流には砂質土
- ●自然堤防地帯には自然堤防と後背湿地

図1　川の上流から下流までの地形区分と堆積する土

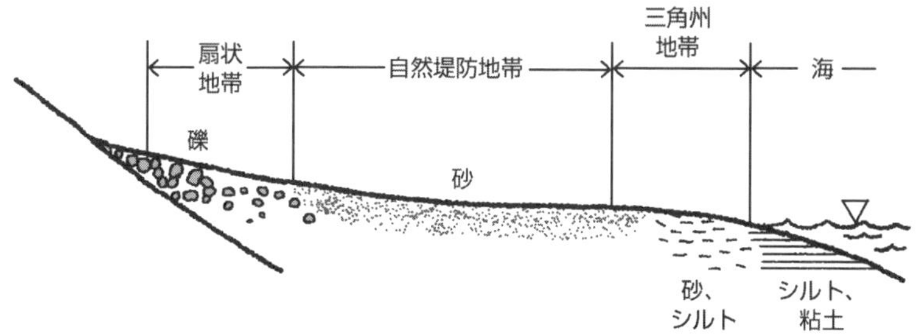

図2　自然堤防地帯の横断方向に堆積する土

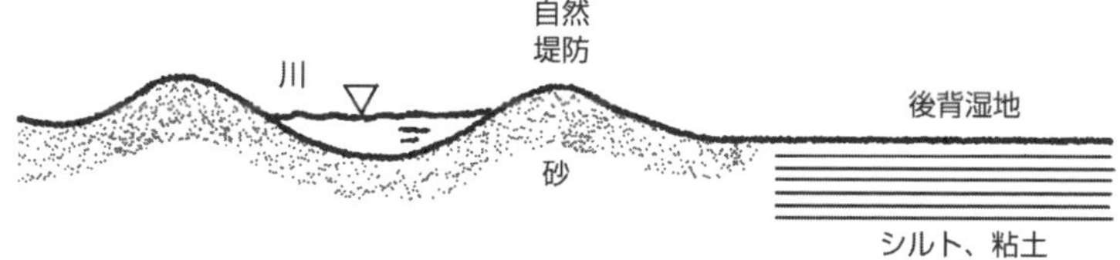

15

図3　三角州上に発達した広島の街

（1979～1983年）

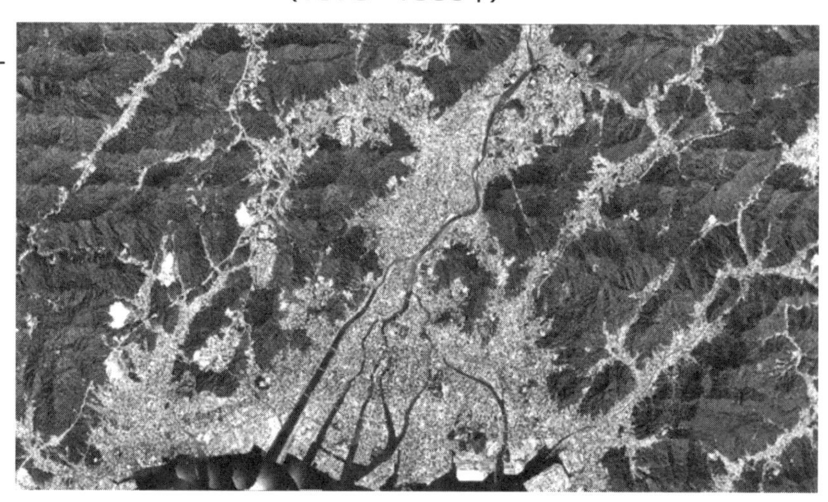

（資料：国土地理院）

4 2万年間の海水面変動の影響

近年、二酸化炭素の排出による気温の上昇や海水面の上昇など地球の温暖化が問題になってきていますが、遡ってみますと、第四紀の更新世から完新世にかけては、氷期と間氷期が10万年程度の周期で繰り返されていることが明らかにされてきています。

その周期の中で最も新しい氷期は約2万年におとずれています。このときは現在よりも約6～7℃気温が低く、寒い地域では降雨水が氷となって地上に残ったままになったため、現在より海水面が100～140m程度低い位置でした（図1）。そのため、例えば東京湾では、海岸線は現在の東京湾口より沖合まで下がっていました（海が退いていくので海退と呼びます）。そして、現在の東京湾の底は陸地になっていて、川が流れている環境でした。

その後、気温が上がってきたため地上の氷が融けて海に注ぎ海水面が上昇し、海岸線は東京湾口から次第に内陸側に移動しました。約6000年前には海水面の高さが現在より約5m高くなり、関東平野では中央部まで海がはいり込んできました（図2）。これを縄文海進と呼んでいます。その後、現在の海水面まで少し下がってきています。

さて、東京の低地（江東区など）を例にとり、この2万年間にどんな土が堆積したか考えてみます（図3）。まず、2万年前は川底でしたので砂礫が堆積しました。その後、海が押し寄せてきて海岸になり、海浜成の砂が堆積しました。そして、さらに海が内陸まではいり込んだため、東京下町は海の中になり、粘土しか運ばれてこなく粘性土が厚く堆積しました。縄文海進の後は、海水面が少し下がったことと関東山地からの土砂が流れ込んできて堆積してきたため、海岸線が再び東京湾の方に押し出されました。そのため下町は三角州になり、シルトや粘土を多く含む砂質土が堆積しています。なお、この約2万年間に堆積した層を沖積層（ちゅうせきそう）と呼んでいます。

要点BOX

- ●氷期には海水面が100m以上低かった
- ●6000年前には現在より海面が高かった
- ●海水面の下降、上昇で砂や粘土層が形成

図1　2万年前から現在までの海水準の変動

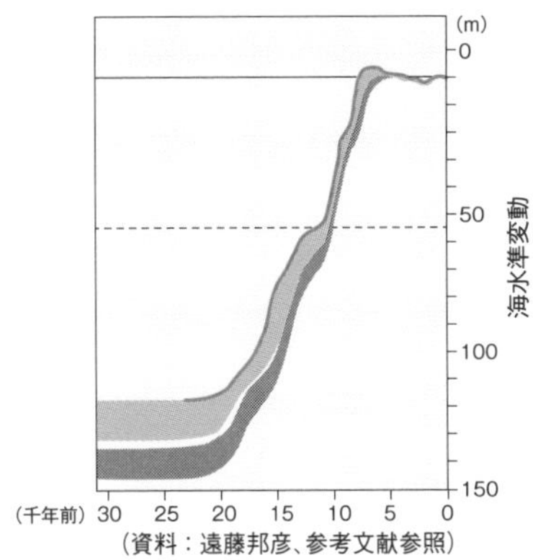

図2　縄文海進の時に海になった範囲

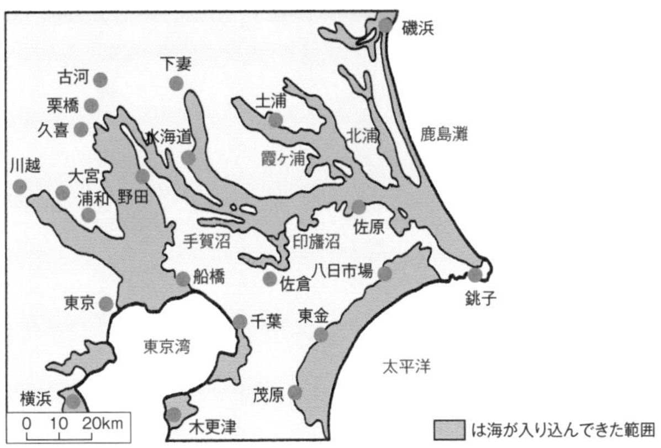

図3　東京低地の沖積層

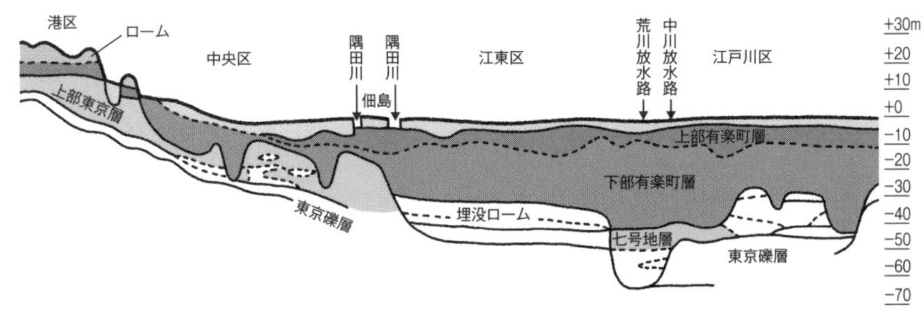

5 上流と下流で地盤は違う

河川沿いの種々の地盤と留意点

東京の低地から川を遡って関東平野中部までの地層断面を考えてみます（図1）。表層には上流側で約10mの厚さの砂質土層が堆積し、下流になるにつれて薄くなります。その下部には有楽町層と呼ばれる粘性土層、七号地層と呼ばれる砂質土層が堆積しています。さらに下部には砂礫層が堆積しています。

約2万年前のヴュルム氷期の後、気温が上がってきたため、海岸線が東京湾口から次第に内陸側に移動しましたが、その間に海岸付近で堆積した海浜成の砂質土層が七号地層です。約6000年前の縄文海進のときに関東平野の中央部まで海になったため海成の粘性土が堆積しました。これが有楽町層の下部の層です。その後、上流から土砂が次第に流れ込んできて、また、海水面も下がって海岸線が後退し、海岸付近では海浜成の砂質土層が堆積しました。そして、埼玉県の幸手などでは自然堤防地帯になり、さらに上部の砂質土層が堆積して現在に至っています。

以上は東京下町から関東平野中央部にかけての地質断面ですが、他の地区でも同じとは限りません。背後に高山がそびえ、海まで急流な川が流れ込んでいる河口では土砂の供給が多く、表層から砂礫層が堆積しています。このように、2万年前から海進のスピードと背後の山地からの土砂の供給による堆積面の上昇のスピードによって、深さ方向の地層構成が大きく変わってきます（図2）。

さらに、河川同士の影響で軟弱粘性土地盤が形成される箇所もあります。小河川が大河川に流れ込んでいる箇所で、大河川沿いに砂が堆積し小河川の出口を塞ぐと小河川の方は湿地になり、植物が腐って超軟弱な腐植土が形成されます（図3）。このような場所を小オボレ谷と呼びます。また、河川改修によって河道が直線化したために残った旧河道跡も各地にあります。ここでは河床に砂が残っており、地下水位も浅くて液状化が発生し易くなっています。

要点BOX

- 有楽町層と七号地層
- 地域環境によって地層構成は異なる
- オボレ谷に注意

図1　幸手から東京湾にかけての断面

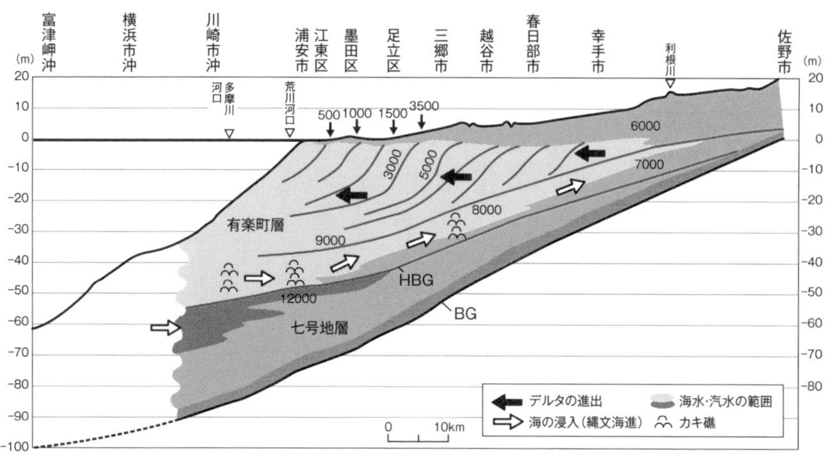

断面図中の数字は年代、矢印付きの数字は各年代の海岸線の推定位置

（資料：遠藤邦彦）

19

図2　海水面と堆積面の堆積速度の違いによる地盤形成の違い

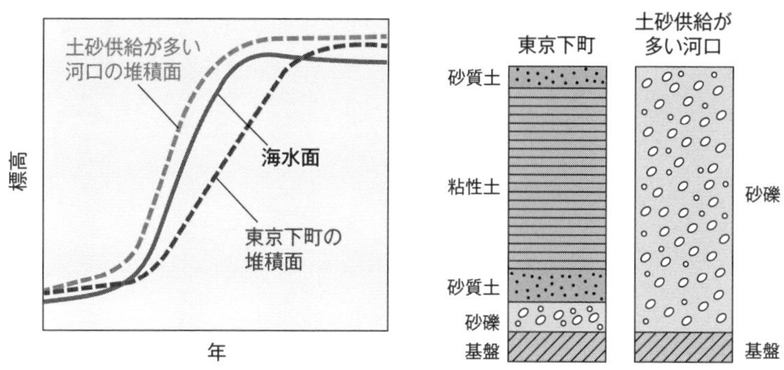

図3　小オボレ谷

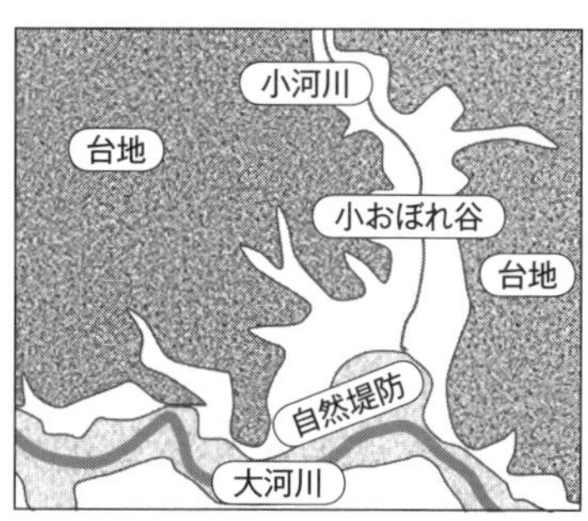

6 海岸でも地盤が造られる

海岸沿いの低地の地盤の成り立ちと留意点

岬や入江で入り組んだ海岸では、岬の崖が波の影響で削られ土砂が生成されます。その土を沿岸流が運び、流れが遅くなる入江で堆積し、砂州（さす）が形成されます（**図1**）。また、季節風が強い日本海側などの海岸では、風で砂が飛ばされて高い砂丘が発達します。砂州や砂丘には、分級されて粒径の揃ったきれいな砂が堆積していますので、地下水位が浅い箇所では液状化し易くなります。特に、砂丘の内陸側の縁では地下水位が浅いことが多く、さらに、風で飛んできた砂が緩く堆積していて、液状化し易い場所です。例えば2007年新潟県中越沖地震では砂丘の際で液状化が発生し、家屋などに甚大な被害を与えました（**図2**）。

入江で砂州が発達していきますと、そこに流れ込んでいる川の出口が塞がれ、潟湖（せきこ）が形成されます。潟湖には軟弱な粘土が堆積していて注意が必要です。

以上の自然堆積地盤に加えて、日本の海岸には古くから多くの埋立地や人工島が造られてきました。海岸に埋立地を造る場合、一般に用地を護岸（ごがん）で仕切って、そこに砂質土をパイプから流し込んでいく方法が採られます。そして、埋立て土が水面上になると陸上から土を盛って造成します。これらの作業において土を締め固めることは行われませんので、砂質土が緩く堆積しさらに地下水位も浅い地盤が造成されます。このため、地震時に液状化が発生し易く、地震のたびに甚大な被害を受けてきています。

これを防ぐため、近年建設された大型構造物では建設時に地盤を改良したり、杭基礎にするといった対策がとられています。ただし、住宅や道路などの構造物では依然対策が施されていないのが現状です。なお、上記のように護岸で仕切って土を流し込んで埋め立てますと、護岸の近くでは砂質土が堆積し、護岸から離れた所では粘性土が堆積します。したがって、1つの埋立地の中で土質は大変不均質です。

要点BOX

- ●砂州は入江で発達
- ●砂丘の内陸側の縁は液状化し易い
- ●埋立地の中の土質は不均一

図1　海岸沿いの砂州の形成

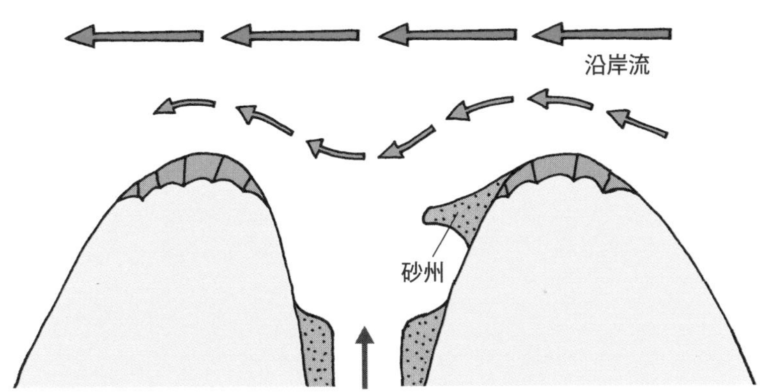

図2　新潟県中越沖地震により砂丘の際で液状化した地区

（資料：国土地理院の地形図に加筆）

7 台地を刻む細い谷底低地

谷底低地の成り立ちと留意点

東京ではJR山手線の田端駅から品川駅より西側には台地が拡がっています。ただし、台地の中でも地表面は一面平らではなく、あちこちに坂が多くあります。これは台地を切り刻んで、複数の細長い谷底低地が形成されているためです。例えば、神田川沿いには、上流側から高田馬場、江戸川橋、飯田橋、神田を通る谷底(こくてい)低地が形成されています。

谷底低地には谷の底に土が堆積した谷底堆積低地と、河川で削られたままの谷底侵食低地があります。江戸川橋付近より上流側は谷底侵食低地ですが、下流側では軟弱な粘性土層や腐植土層が厚く堆積した谷底堆積低地となっています。これらの軟弱な層は、約2万年前のヴュルム氷期の際に海水面の低下に伴って台地が深く削られ、その後の海進で一度海になったときに堆積したものです。

谷底低地に軟弱層が厚く堆積している所では、下方の硬い層から伝搬してきた地震波の速度が軟弱層に入ると遅くなるため、地震動が凝縮されて震動が大きくなります。また、谷底低地の横断面方向に軟弱層下面が不整形なために(図1)、谷底低地内で局所的に地震動が集中して大きくなる可能性があります。さらに、谷底低地の周囲の台地の端の付近でも、地表面が不整形なため大きく揺れ易い状態にあります。

実際に1923年関東地震の際には、東京の谷底低地で多くの水道管や建物が被害を受けました(図2)。神田川沿いでは、江戸川橋・早稲田付近より下流側の谷底低地で特に被害が多く発生しました。推定されている揺れの分布によると、上流側では震度Ⅴ程度であったのに対し、下流側では震度Ⅵ～Ⅶもあったと考えられています。

他にも赤坂見附から溜池にかけて、根津から不忍池にかけてなど、現在は多くのビルが立ち並び主要な交通路になっている谷底低地で、水道管や建物の被害が多く発生しました。

要点BOX

- ●谷底低地は谷底堆積低地と谷底侵食低地に分類される
- ●谷底低地は地震の影響を受け易い

図1　神田川の横断面例

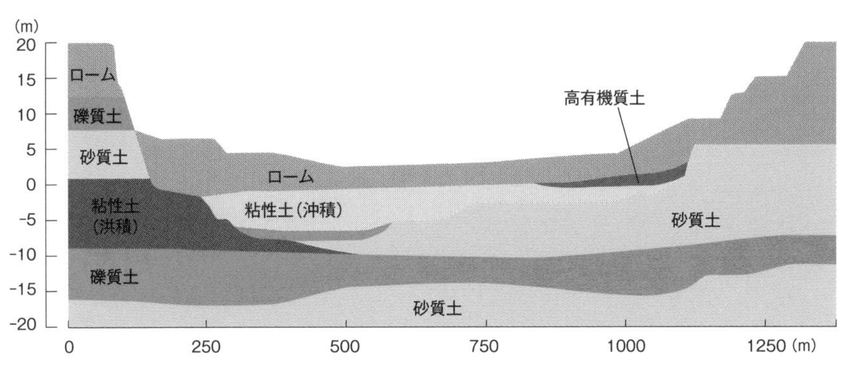

図2　関東地震時の山手側の谷底低地の被害

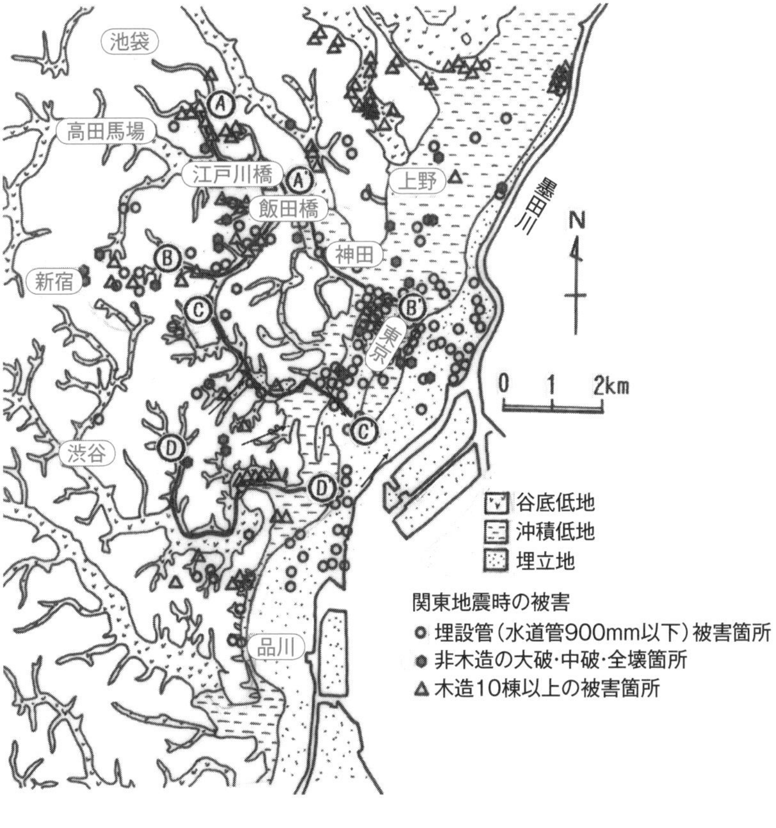

池袋
高田馬場
江戸川橋
飯田橋
上野
神田
新宿
東京
渋谷
品川
墨田川
N
0　1　2km

谷底低地
沖積低地
埋立地

関東地震時の被害
○ 埋設管（水道管900mm以下）被害箇所
● 非木造の大破･中破･全壊箇所
△ 木造10棟以上の被害箇所

8 起伏に富んだ山地や丘陵地

丘陵地・山地の成り立ちと留意点

地殻変動により隆起や褶曲（しゅうきょく）、断層が発生すると地盤が高くなります。また、地球内部のマグマにより火山が形成されます。このように高くなった所も河川で侵食されて谷が形成され、尾根部と谷部から成る起伏に富んだ山地や丘陵地が形成されます。

一般に丘陵地は軟岩や半固結した堆積物、山地は硬い岩石で構成されています。岩石はその成因から火成岩、堆積岩、変成岩に分けられます。火成岩は地下にあるマグマが地球の浅い所に貫入したり、地表上に噴出して冷えて固結した岩石です。固結する深さにより深成岩（しんせいがん）、半深成岩、火山岩に分けられます（**表**）。深成岩の代表的なものは花崗岩です。深部でゆっくり冷え固まるため鉱物結晶が十分に晶出していますが、2項に示したように自然斜面では風化が深くまで進んでいることが多く、注意が必要です。

堆積岩は山地などで斜面が崩壊した土砂が河川によって海に運ばれ海底に堆積するなど、土砂が流水や風力などで運ばれて堆積したものが、長い年月かけて固結したものです。粒径によって礫岩、砂岩、泥岩と分類されます。これらがプレートの動きなどで海底から押し上げられると、堆積岩により山地が形成されることになります。その硬さによって崩壊のし易さは異なりますが、新しい泥岩の場合には、切土をしたり掘り出して盛土材に使ったりすると次第に風化して強度低下し易いので注意が必要です（**図1**）。また、褶曲によって地層が流れ盤になっている箇所では、地震や降雨によって滑り易い状況にあります（**図2**）。

なお、日本の大都市の近郊の丘陵地では昭和30年代から丘を削って谷部に盛土して多くの造成宅地が造られてきました（**図3**）。盛土造成にあたって地下水位を下げるための排水施設を設け、十分に締め固める必要がありますが、そのように造られていない宅地が多いのが現状です。このため、最近では地震の度に滑りや沈下被害が生じています。

要点BOX

- 火成岩は固結した深さによって分類される
- 堆積岩が押し上げられて山となる
- 斜面の風化に注意

表　岩石の分類

成因による分類	細分類	代表的な岩石名
火成岩	火山岩	玄武岩
	半深成岩	石英斑岩
	深成岩	花崗岩
堆積岩		砂岩、泥岩、石灰岩
変成岩		結晶へん岩

図1　長年の間に風化した泥岩塊

図2　流れ盤の層構造

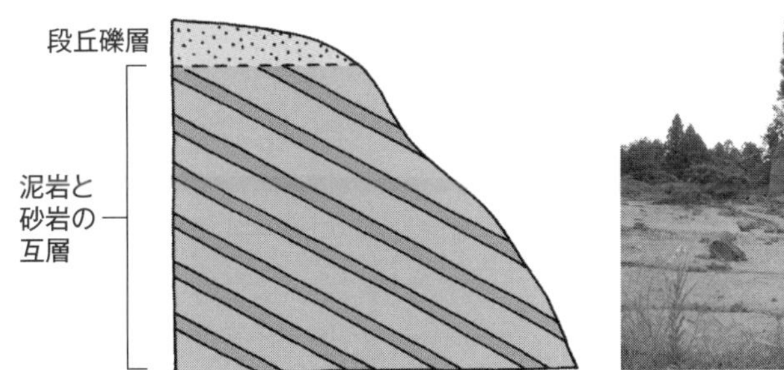

図3　造成宅地の建設方法

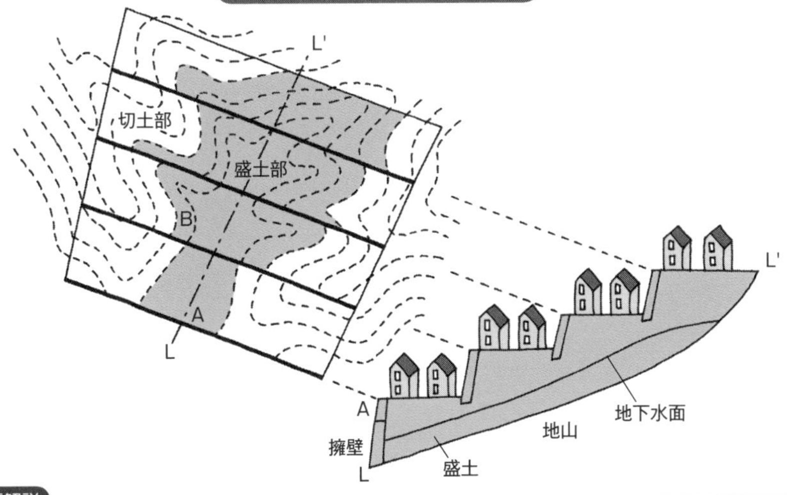

用語解説

晶出：液体から結晶が分かれて生成すること。
流れ盤：地層の傾斜が地形の傾斜に対して同一方向（流れ目）に傾斜していること。

9 火山の土は特殊

火山性堆積土が分布する地区と留意点

日本は火山活動が活発で、国内に活火山が111（2017年6月現在、気象庁による。海底火山や北方領土も含む）もあります。したがって、全国各地に火山から噴出した溶岩や火山灰土などが存在します。

火山からマグマが噴出されて冷え固まりますと、次のような種々の火山噴出物が形成されます。

①溶岩流や溶岩ドーム：マグマが火口から粘性流体として噴出し、斜面に沿って流れて固結した溶岩流と、ドーム状のまま固まった溶岩ドームがあります。

②火山砕屑岩（火砕岩）：火山から噴出された火山砕屑物が堆積したもの。テフラと呼ばれます。粒径から分けますと、細かい方から火山灰、火山礫、火山岩塊（がんかい）に分類されます。火山礫よりも大きくて発泡しているものは、白っぽい場合は軽石、黒っぽい場合はスコリアと呼ばれます。

③火砕流堆積物：火砕流とは高温のマグマ物質の破片と火山ガスとが混合して、噴煙が立ち昇らずに地表に沿って流れるもので、それが堆積したものを火砕流堆積物と呼びます。

①は遠くまでは流れていきませんが、火山灰や軽石、火砕流堆積物は遠くまで飛んだり流れていきます。1707年に発生した富士山の宝永噴火では舞い上がった火山灰が偏西風に乗って東方に流され、遠く離れた江戸でも2～5cm積もりました（図1）。そのため火山性堆積土は日本各地に分布していますが、その粒径や力学特性は各地で大幅に異なります。

関東ロームのように粘性土のものは降雨時にぬかるんで車両が通行できなくなるトラフィカビリティーが問題です。北海道や九州南部にある砂質土の火砕流堆積物では、盛土材に使った場合、液状化に注意が必要です。また、軽石は風化により強度が大きく低下し、水も多く含んでいるので、地震による斜面崩壊に注意が必要です。

富士山などでは防災マップが作られています（図2）。

要点BOX

- ●日本には活火山が111ある
- ●流れたり飛んだりして拡散する火山噴出物
- ●火山性の砂質土の盛土は液状化し易い

図1　宝永噴火による降灰の分布と厚さ

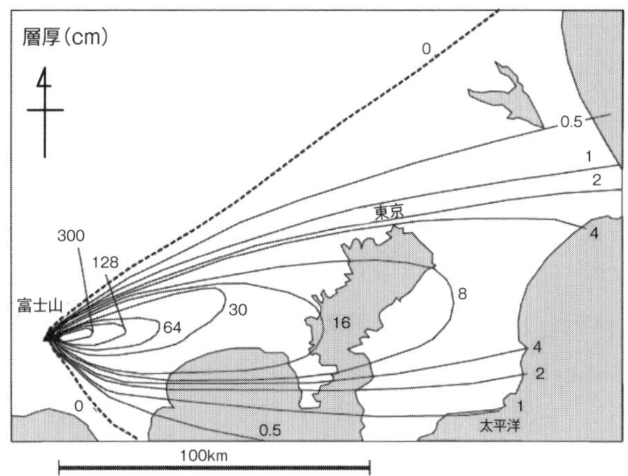

図2　富士山の火山ハザードマップ

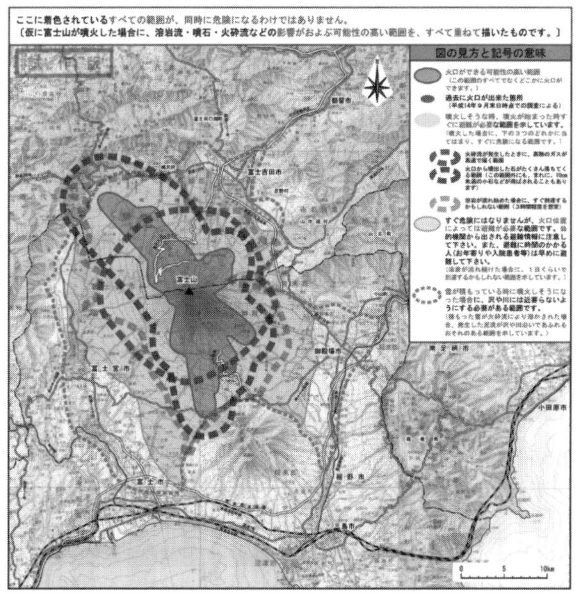

（資料：富士山火山防災マップの一部抜粋）

用語解説

トラフィカビリティー：建設車両の走行性。

10 局所的な人工地盤

人工地盤の種類と留意点

人工的に造った地盤として、海岸の埋立地や丘陵地の盛土造成宅地に関しては前述しましたが、この他にも多種多様な人工地盤が造られてきています。それらは主に砂質土で造られ、締固めも不十分で、地下水位も浅いことが多いため、液状化し易い地盤が多く存在します。地盤が造られた目的ごとに分けて、建設の経緯と問題点を述べてみます。

①住宅地用に開発された人工地盤：我が国では第2次世界大戦後の昭和30年代から人口の増加と核家族化により多くの住宅地が各地に造られました。海岸の埋立地、丘陵の盛土造成地に加え、後背湿地の田畑にも盛土して住宅地が造られてきました。2011年東日本大震災の際には埼玉県久喜市の造成地で液状化により甚大な被害が発生しました(図1)。また、都市の背後にある山麓にも住宅地が造られてきました。広島では最近豪雨により土石流被害が多発するようになってきています。

②掘削跡地：建設用の砂利の採取や砂鉄の採取のために掘削し、そこを埋め戻した箇所が海岸などにあります。一般に締固めを行っていないので、液状化被害が多発しています。

③構造物建設のために掘削して埋め戻した箇所：埋設管や地下タンク、地下駐車場などを建設する際に構造物周囲を埋め戻しますが、締固めをし難いため液状化による被害が発生してきています。特に敷設深度が深い下水道管およびマンホールが液状化によって浮き上がる被害が、地震のたびに発生しています(図2)。電柱を建設する際も同様の埋め戻しが行われますので被害が発生しています。

④鉱さい跡地の集積場やため池：鉱さい集積場は山地に多く存在し、ため池は全国至る所にあります。両者とも地震により液状化の被害が生じてきています。鉱さい集積場の跡地は公園や運動場などに生まれ変わり、知らずに利用している人もいます。

要点BOX
●多種多様な人工地盤
●山地にも低地にも各所に存在
●人工地盤によくある液状化の課題

図1　水田上に盛土して造った住宅団地が液状化により被害を受けた例

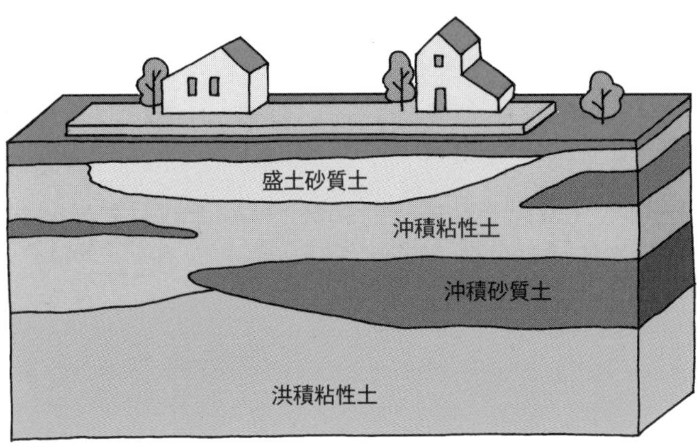

図2　埋戻し土の液状化によるマンホールと管渠の浮上がり

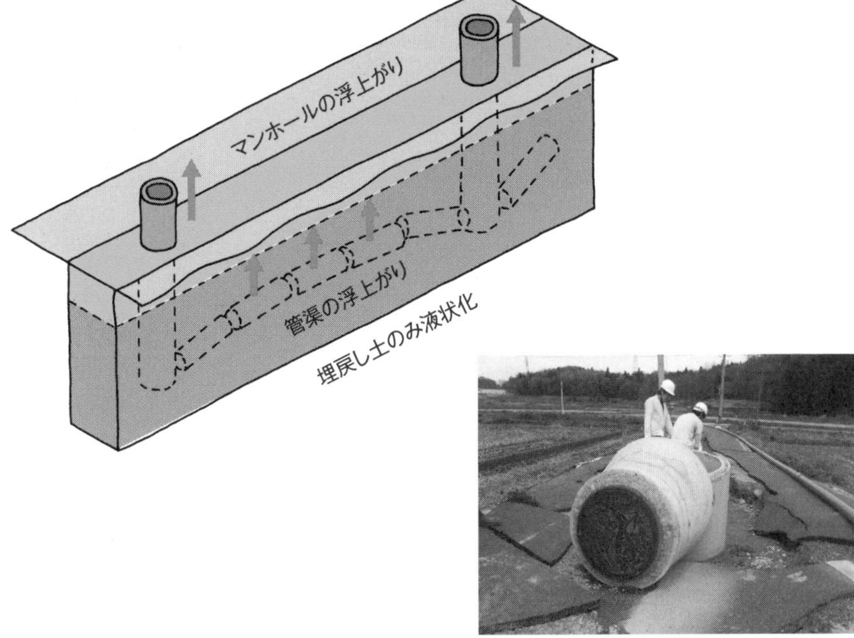

東日本大震災で浮き上がったマンホール

Column

各地にある特殊土

　土は種々の場所で形成されます。各地で土が異なるのは当然です。その中でもローカル色が強く、力学的な特性に注意が必要な土を特殊土と呼んでいます。

　国内で特殊土と呼んでいるのは関東ロームなどの火山灰質粘性土、しらすなどの火山成粗粒土、まさ土、および泥炭です。9項で述べたように、関東ロームが堆積している地域ではトラフィカビリティが問題です。道路が舗装されていなかった時代は雨が降ると道路がぬかるみ車両の通行を妨げていました。高度経済成長期頃から主要な道路は舗装されてきて問題は少なくなっていますが、建設現場などでは注意が必要です。

　火山成粗粒土は南九州や北海道に多く堆積しています。九州南部でしらすと呼ばれている土は鹿児島県の姶良（あいら）、阿多の両火山から噴出して堆積したもので、地山は強くて垂直の崖を形成できますが、ガリ侵食に弱い性質を持っています。

　まさ土は花崗岩が風化してできた土ですが、風化度によって力学特性が大幅に異なります。

　泥炭はピートとも呼ばれ北海道に広く分布しています。有機質土の中でも植物が未分解で繊維に富んでおり、燃料としても用いられます。間隙が多いスカスカの状態で、多量の水を含んでおり、支持力は極端に小さいので注意が必要です。なお、ウイスキー製造の際、特有の燻香を着けるために泥炭が使われます。

　国外にも多くの特殊土があります。クイッククレイは北欧やカナダに堆積していて、わずかな外力を与えただけで強度が大きく低下する、鋭敏な粘土です（67項）。

　中国黄河流域や米国などにはレスと呼ばれる土が広く堆積しています。細粒で黄色（中国では黄土と呼ばれます）の風積土です。乾くと強いのですが、水を含むと軟化し、水浸すると壊滅的な沈下や崩壊を起こすものもあります。

　また、寒冷地には永久凍土もあります。中国で最近建設された青海チベット鉄道（青蔵鉄道）は最高地点が海抜5072mの永久凍土地帯を通過します。そこの盛土区間では、基盤である凍土が融けると盛土が被害を受けるため、融けないような工夫が施されました。

　なお、永久ではありませんが、国内でも冬に北海道や東北地方で凍結問題が発生します。凍結により地表面が隆起する「凍上現象」が生じ、道路の路盤などに被害を与えています。

第2章

地盤の力学

11 必要な地盤情報は構造物ごとに違う

地盤上や地盤内に構造物を建設する場合、建設中に構造物が変形しないように、また建設後に地震や豪雨などで被害を受けないように設計する必要があります。そのためには地盤の力学的な特性に関して予め調査・試験を行っておかねばなりませんが、対象とすべき力学特性は構造物ごとに異なります（図）。

まず、軟弱粘土地盤上に道路盛土や建物を建設する場合には、載荷重による沈下が問題となります。最終的な沈下量が数m程度まで、また沈下が終了するまで数年かかることもあります。このような長期にわたる沈下を圧密沈下と呼び（図a）、その特性を圧密試験で求めておく必要があります。

橋脚などの重い構造物を建設する場合、地盤の支持力が小さいと構造物が地盤にめり込んでしまいます（図b）。そこで地盤を改良するか、杭基礎などで支持させます。設計にあたっては地盤の支持力に関する情報が必要で、土のせん断強さなどから推定します。

岸壁や地中埋設物を建設する場合には、壁に加わる水平方向や鉛直方向の土圧の値が問題となります（図c）。これも土のせん断強さなどから推定します。

道路建設にあたって盛土や切土を行う場合には、豪雨や地震の際のすべり崩壊に注意する必要があります（図d）。これもせん断強さなどから推定します。

ダムの建設や地盤の掘削にあたっては、透水性と呼ばれる地盤内の地下水の流れ易さが問題になります。ダムにおいて透水性が良いと漏水が発生しダムを崩壊させます。また、地盤の掘削時に掘削底と周囲との地下水位差が大きくなると、掘削底から土と水が噴き上がる「ボイリング現象」が発生し、事故を起こします（図e）。透水性は透水試験で求めます。

地震時には地盤の強度や剛性の低下が生じ、構造物に被害を与えることがあります。その代表例が緩い砂地盤の液状化です（図f）。このため、液状化特性の調査・試験が必要になります。

要点BOX

- ●軟弱粘土地盤上の問題は載荷重による沈下
- ●橋脚や岸壁の建設、盛土には地盤の支持力を土のせん断強さなどから推定する

図　構造物ごとの被害のパターンと必要な地盤

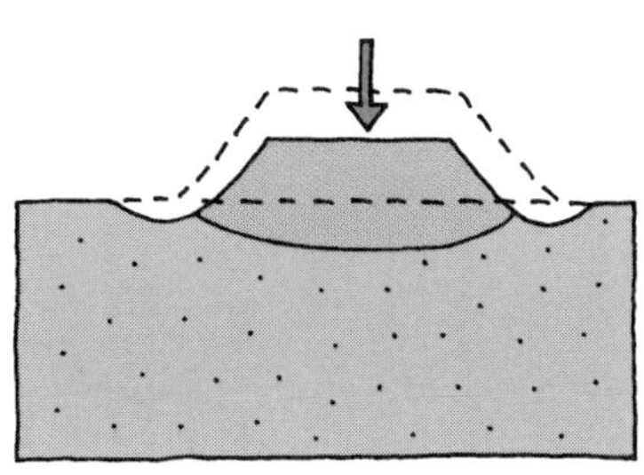
(a) 圧密による長期間の沈下

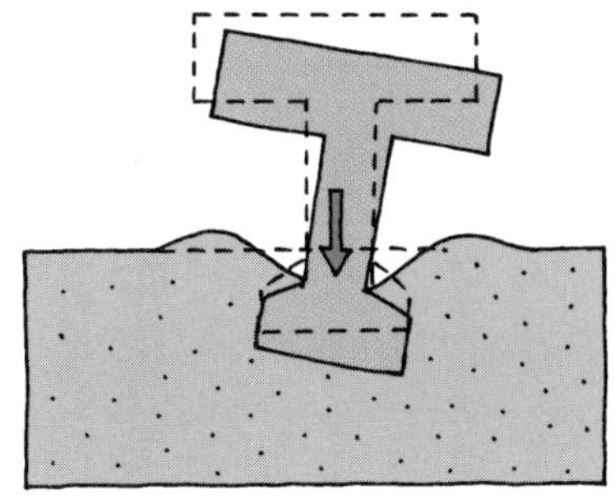
(b) 支持力不足によるめり込み

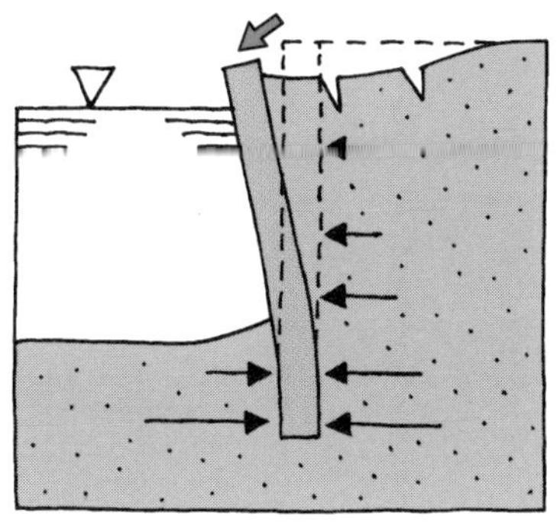
(c) 土圧による倒壊

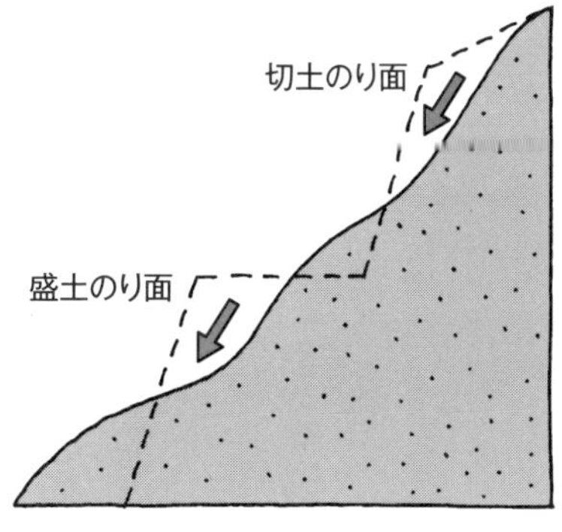

(d) 斜面のすべり崩壊

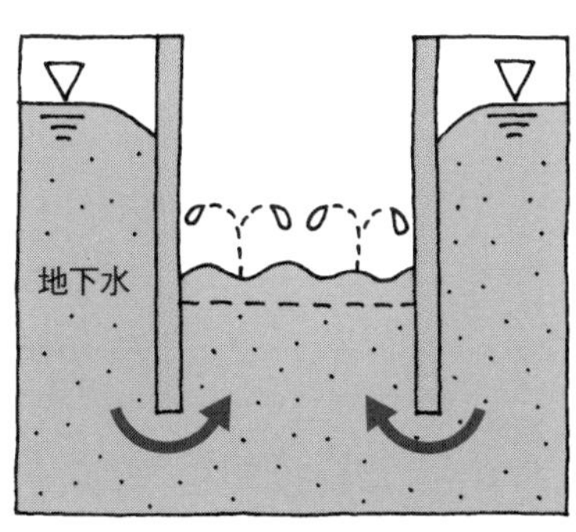

(e) 地下水の噴出し

(f) 液状化による沈下・浮上

12 粒子と水と空気から成る土

土粒子、間隙水、間隙空気

一般に低地では、地表面から1～数mの深さに地下水面があります。地下水面以下の地盤では土粒子間の間隙（かんげき）は水で満たされた飽和状態になっています（図1）。地下水面より少し上部では、土粒子間の隙間（間隙と呼びます）における毛管現象により、地下水が吸い上げられ間隙内の一部にくっついています。このような状態を不飽和状態と呼びます。上部になるにつれて間隙内に占める水の量、つまり飽和度は減ります。地表面付近では、降雨のない場合、間隙に水が全くない乾いた状態となります。このような状態を乾燥状態と呼びます。

したがって、土は土粒子、間隙水、間隙の空気の3つから構成されています。それらの占める割合や、さらに間隙水の圧力などによって土の物理的、力学的性質が大幅に異なります。例えば、間隙水や空気が少ない土は締まっていて強いのに対し、多いと緩くて弱い土になります。そこで、これらを含む割合を示す指標がいくつか定義されており、まず、それらを知っておく必要があります。ただし、土粒子の比重は2・6～2・7程度、水は1、空気は0ですので、3つを含む割合を示す指標も、体積で表すものと質量で表すもの、さらに両者の組み合わせで示すものと、種々定義されています。そして、使用目的に応じてそれらを使い分ける必要があります。

さて、地下水面以下では水圧（間隙水圧と呼びます）が働き、一般の水平地盤では深さに比例して増大する静水圧分布となっています（図2a）。これに対し谷を埋めた盛土造成宅地などでは、盛土を行う前に暗渠排水管を敷設するため、間隙水圧分布が複雑になります。盛土内に入った雨水は排水管から排水されますが、その途中に宙水（ちゅうすい）として溜まるので中央だけ高い水圧分になったりします（図2b）。また、表層に不透水層、背後には斜面がある地盤では、斜面からの地下水の流入により被圧状態になります（図2c）。

要点BOX
- 地下水面より上部ほど飽和度は減る
- 土の指標はさまざまで、使用目的で適したものを選択する

図1　地下水面と飽和の関係

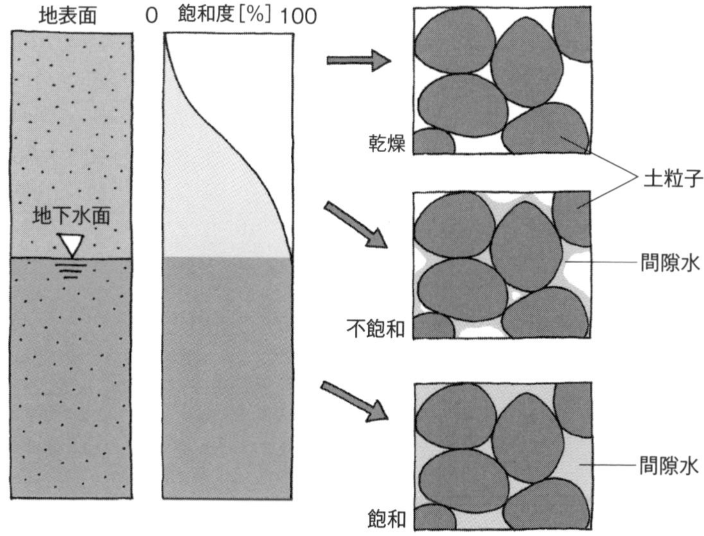

図2　さまざまな間隙水圧の深度分布

(a)一般の水平地盤の場合

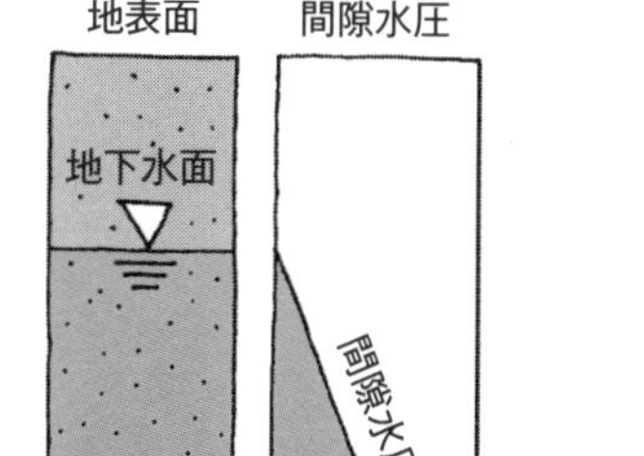

(b)盛土内に宙水がある場合

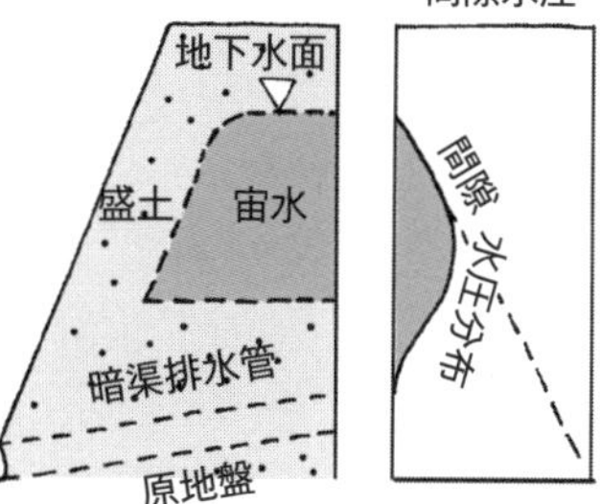

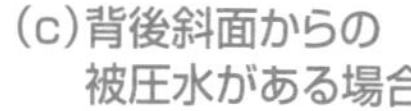

(c)背後斜面からの
被圧水がある場合

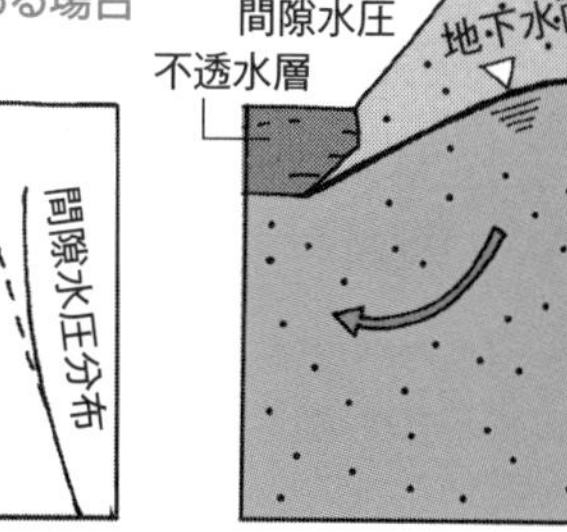

13 土独特の定義を知ろう

土粒子、間隙水、間隙空気の3つの割合を示す物理量は、体積に関してそれぞれV_s、V_w、V_a、質量に対してそれぞれm_s、m_w、m_a（ただし空気が質量ゼロとしてこの表現は用いません）と表します（**図1**）。また、全体の体積をV、質量をmと表します。さらに間隙水と間隙空気を合わせた間隙体積をV_vと表します。

体積に関する重要な指標として間隙比があります（**図2**）。分母を全体の体積にせず土粒子の体積（V_s）にしてあることに注目してください。これは、例えば盛土を建設するにあたって締固める場合、土粒子の部分は不変で間隙だけを潰していきますので、土粒子の体積を分母にしておいた方が便利なためです。体積に対するもう1つ重要な指標として飽和度S_rがあります。乾燥状態ではS_r=0%、完全飽和状態ではS_r=100%となります。なお、間隙比や飽和度は直接測定できませんので、他の指標から計算で求めます。

次に質量に関して重要な指標として含水比wがあります。分母を土粒子の質量にしている理由は、例えば乾燥させたときに、間隙水の質量は減っていくのに対し土粒子の質量は不変だからです。

体積と質量の両方に関係する指標として、まず土粒子の密度ρ_Sがあります。土粒子は岩石が砕かれたものが多いので、通常2・6～2・7g／㎤程度になります。次に土全体の密度ですが、これには含水状態に応じ、一般的な不飽和な状態での湿潤密度ρ_t、含水比がゼロの乾燥密度ρ_d、完全飽和状態の飽和密度ρ_{sat}の3種類の定義があります。また、それぞれに重力加速度gを乗じた、湿潤単位体積重量γ_t、乾燥単位体積重量γ_d、飽和単位体積重量γ_{sat}があります。例えば、γ_tは粘性土で15～17kN／㎥程度、砂質土で18～20kN／㎥程度です。その他、地下水位以下の浮力を考慮した水中単位体積重量γ'、もあります。

要点BOX
- ●体積に関する重要な指標の間隙比と飽和度
- ●質量に関する重要な指標の含水比
- ●体積と質量に両方に関する指標の密度

図1　土の3つの相の定義

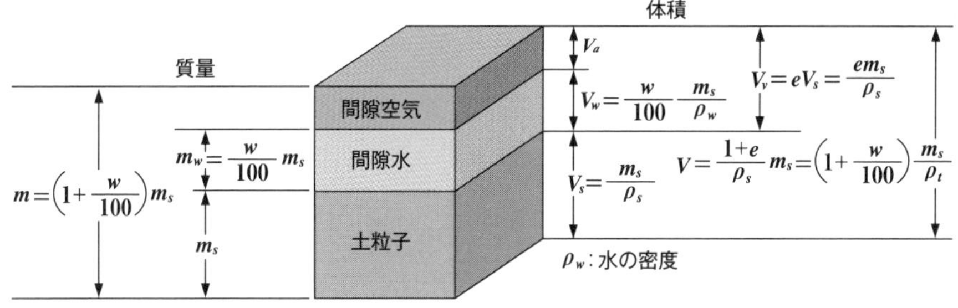

図2　土の物理量の定義

間隙比　$e=\dfrac{V_v}{V_s}$

飽和度　$S_r=\dfrac{V_w}{V_v}\times 100$〔%〕

含水比　$w=\dfrac{m_w}{m_s}\times 100$〔%〕

土粒子の密度　$\rho_s=\dfrac{m_s}{V_s}$〔g/cm^3〕

湿潤密度　$\rho_t=\dfrac{m}{V}$〔g/cm^3, t/m^3〕

乾燥密度　$\rho_d=\dfrac{m_s}{V}$〔g/cm^3, t/m^3〕

飽和密度　$\rho_{sat}=\dfrac{m}{V}$〔g/cm^3, t/m^3〕

ただし、$S_r=100$%の場合

湿潤単位体積重量　$\gamma_t=\dfrac{mg}{V}=\rho_t g$〔$kN/m^3$〕

乾燥単位体積重量　$\gamma_d=\dfrac{m_s g}{V}=\rho_d g$〔$kN/m^3$〕

飽和単位体積重量　$\gamma_{sat}=\dfrac{mg}{V}=\rho_{sat} g$〔$kN/m^3$〕

ただし、$S_r=100$%の場合

水中単位体積重量　$\gamma'=\dfrac{m_s g-\rho_w g\,V_s}{V}=\dfrac{mg-\rho_w g\,V}{V}$〔$kN/m^3$〕

ただし、$S_r=100$%の場合

14 土には砂礫から粘土まで混じっている

土の工学的な分類方法

土は粒径から礫、砂、シルト、粘土と分けられますが、実際の土は種々の粒径の粒子が混ぜ合わさっていますので、これらの割合を粒径加積曲線で表すようにしています（図1）。そして75㎛より細かいシルト・粘土が50％以上含まれていると細粒土、少ないと粗粒土と分けます。

粗粒土の特性を表す指標として、まず50％粒径D_{50}があります。これは試料中の粒径の中位の大きさを示す値で、平均粒径とも呼ばれ、液状化特性を表すパラメータなどとして用います。次に、試料中の細粒の粒径を表す値として10％粒径D_{10}があり、有効径と呼ばれています。このような細かい土粒子の大きさが土中の水の流れ易さを支配するため、主に透水係数と関係付けられて用います。これらに対し、試料内の粗粒と細粒の配合割合（まざり具合）を示す値として均等係数U_Cがあります。これは60％粒径D_{60}と10％粒径D_{10}の比で、均等係数が大きい場合を「粒径幅の広い」、小さい場合を「分級された」と呼びます。粒径幅の広い土は盛土をする際によく締まります。

一方、細粒土では粒径よりは含水比によって性質が大きく変わるため、コンシステンシー限界を用いて特性を表します（図2）。水を多く含んだドロドロの液体状の粘土を少し乾かしますと、粘土細工ができる塑性状態になります。さらに乾かしますとボロボロの半固体状になり、炉でさらに乾かしますと固体や粉体になります。これらの限界の含水比wをそれぞれ液性限界w_L、塑性限界w_P、収縮限界w_Sと呼び、液性限界と塑性限界の差$w_L - w_P$を塑性指数I_Pと呼びます。塑性指数は土が成型可能な含水比の範囲を示し、砂っぽい粘土では小さな値になります。

さて、土を工学的に分類する方法にはいくつかありますが、いずれも以上のような粒径、粒度分布、液性・塑性限界などの値を用いています。

要点BOX
- ●粒径の割合による粒径加積曲線
- ●平均粒径、有効径、均等係数
- ●粘性土の性質指標はコンシステンシー限界

図1　粒径加積曲線

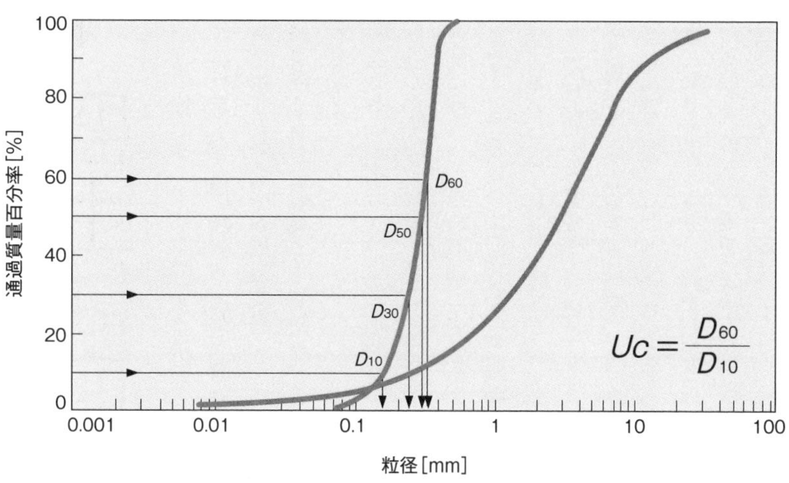

図2　コンシステンシー限界

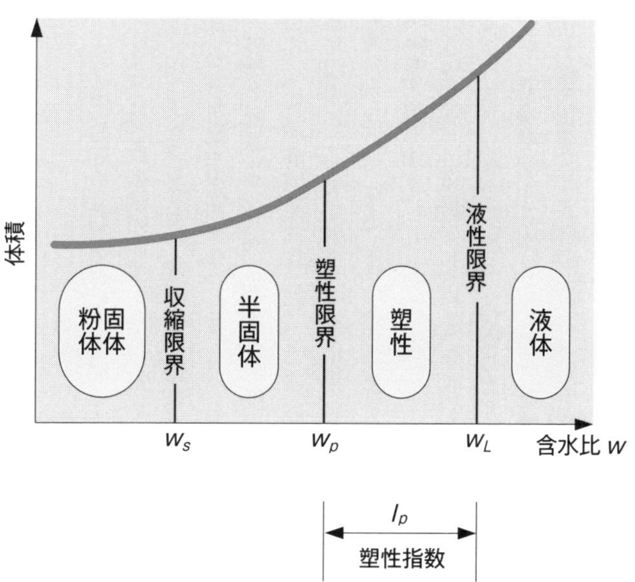

15 しっかり締固めると盛土は崩れない

土の締固め特性

道路・鉄道の盛土やアースダムはよく締固めながら造る必要があります。緩い状態だとせん断強度が小さくて地震や雨などで盛土が崩壊し易く、また間隙が大きく盛土内を水が流れ易くて堤防などの水が漏れ易くなるからです。

現場で締固めるにあたっては、30～50㎝程度の厚さで撒きだしローラなどで転圧します。この際、土の種類やまき出し厚、ローラの荷重により締固め度は異なってきます。さらに、土の含水比も影響し、最適な含水比であればよく締まりますが、それより乾いていたり湿潤状態にあると締まりにくくなります。これは、土が乾いていると水が潤滑材となり水を多く含んでいる方が締まるのに対し、濡れすぎていると土粒子が移動し易くなりすぎて、締まり難くなるためです。したがって、施工現場では盛土材の最適な含水比を予め求めておく必要があります。

最適含水比およびそのときの密度を調べるためには、通常、突固めによる土の締固め試験を行います（図1）。この試験では、ある含水比の試料をモールドに詰め、所定の回数、ランマで突固めます。その後、質量を測って乾燥密度と含水比を求めます。そして、含水比を変えて試験を繰返し、含水比と乾燥密度の関係を求めます。これを締固め曲線と呼びます（図2）。曲線は通常山型になりますので、その頂点になる含水比を最適含水比 w_{opt}、そのときの乾燥密度を最大乾燥密度 ρ_{dmax} と定義します。

盛土の施工現場では、土を乾かしたり水をまいたりして最適含水比に近い状態に調整し、締固めます。そして、原位置の乾燥密度 ρ_d を測定し、最大乾燥密度 ρ_{dmax} と比較して締固め度 $Dc=(\rho_d/\rho_{dmax})\times100(\%)$ を求め、所定の締固め度に達しているかチェックします。盛土は一般に90％程度以上の締固め度に締固めることが必要です。ただし、この値は設計基準や土構造物の種類によって少し異なります。

要点BOX
- ●盛土を行う際には土の含水比を考慮
- ●最適含水比・密度は土の締固め試験で求める
- ●含水比と乾燥密度の関係を求めた締固め曲線

図1　土の締固め試験装置

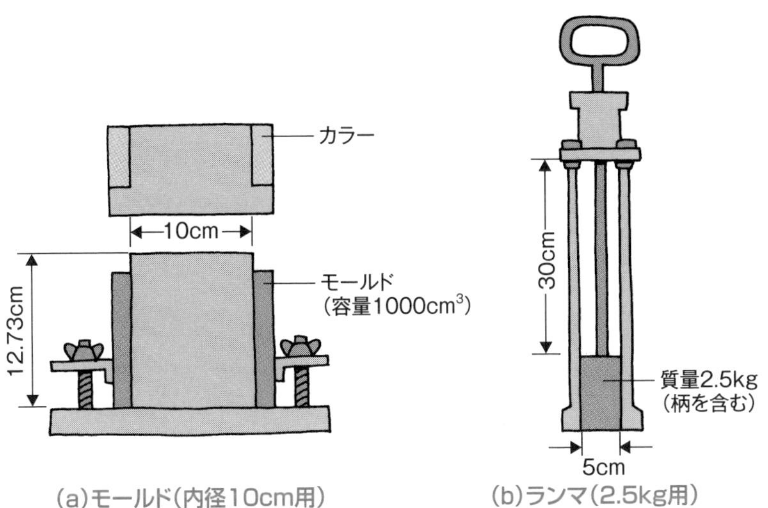

(a)モールド(内径10cm用)　(b)ランマ(2.5kg用)

図2　締固め曲線と最適含水比

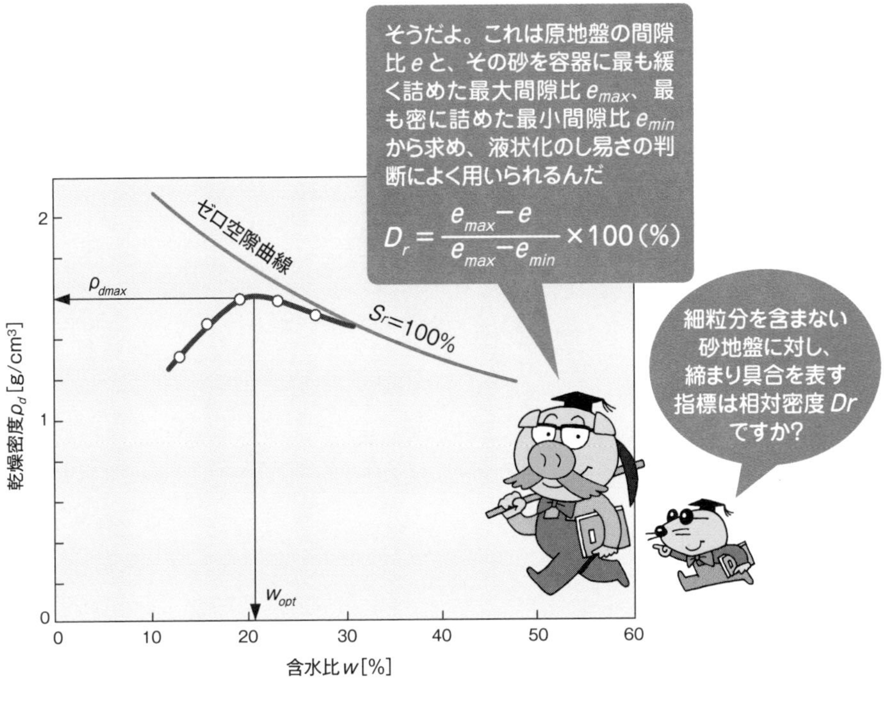

細粒分を含まない砂地盤に対し、締まり具合を表す指標は相対密度 Dr ですか?

そうだよ。これは原地盤の間隙比 e と、その砂を容器に最も緩く詰めた最大間隙比 e_{max}、最も密に詰めた最小間隙比 e_{min} から求め、液状化のし易さの判断によく用いられるんだ

$$D_r = \frac{e_{max} - e}{e_{max} - e_{min}} \times 100\,(\%)$$

ゼロ空隙曲線

ρ_{dmax}

$S_r = 100\%$

w_{opt}

乾燥密度 ρ_d [g/cm³]

含水比 w [%]

16 有効応力や間隙水圧とは？

全応力と有効応力の考え方

地盤内の各点には、その上の土の重さによる圧力が加わっています。さらに構造物を建設すると、地盤内の各点の応力は増加します。増加応力が大きいと土が圧縮・圧密したり破壊したりします。したがって、構造物の設計にあたっては、地盤内や盛土内の各点に加わっている応力を求める必要があります。

ところが、地下水位以下の地盤には水圧が働き土粒子は浮力を受けるといった、複雑な状態になっています。そのため、地盤工学では間隙水圧や有効応力といった特殊な考え方を導入しています。

地下水位以下のある深さにおける土粒子の接触状態を模式化してみます（**図1**）。接触面は平面ではありませんが、ここでは簡単化のために平面としています。断面積Aの面を考え、上に堆積している土や構造物のためにWなる荷重が加わっているとします。また、この面でn個の土粒子が接触しているとし、各土粒子に働く力をN_1、……、N_n、その総計をNとします。間隙部分には間隙水圧uが作用し、Wを各土粒子間に働く力と間隙水圧で支えているとします。土粒子間の接触面積は小さいため、点接触しているとみなすと、これらの力の釣合いは、$W=N+uA$となります。WとNを断面積で割った応力をσ、σ'と書きますと、$\sigma=\sigma'+u$となります。これは土の有効応力に関する大変重要な基本式で、σを全応力、σ'を有効応力と呼びます。有効応力は土粒子間の接触力と考えることができます。二段の土粒子を想定し上下を水平にずらす「せん断力」を加えた場合（**図2**）、接触力が小さいとずれ易く、大きいとずれ難いので、土の強度や変形特性を左右するのは全応力ではなく、有効応力ということができます。

一般的な地盤として水平な地盤を考え、鉛直方向の全応力、有効応力をそれぞれ全上載圧σ_v、有効上載圧σ'_vと書きますと、深さ方向の圧力分布はγ_t、γ_{sat}、γ'、γ_wで表されます（**図3**）。

要点BOX

- **地盤の各点にかかる応力。地下水位以下では水圧も関係する**
- **土の有効応力に関する基本式$\sigma=\sigma'+u$**

43

図1　土粒子間力と間隙水圧の概念

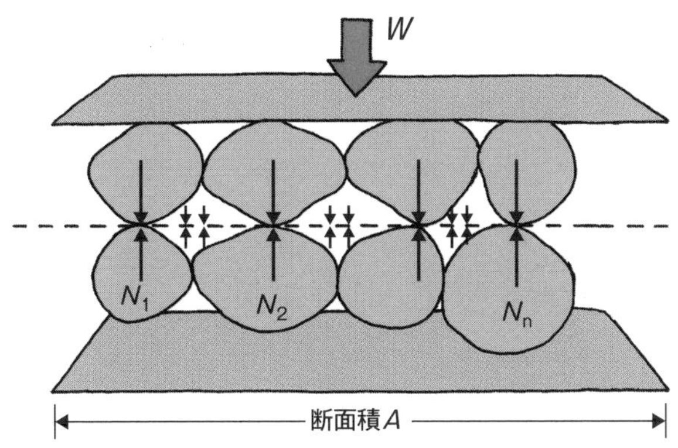

図2　せん断時の（土粒子間力）有効応力

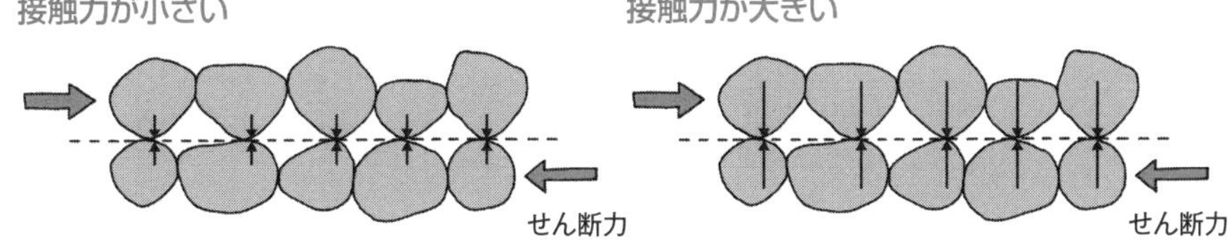

図3　水平地盤における全上載圧と有効上載圧

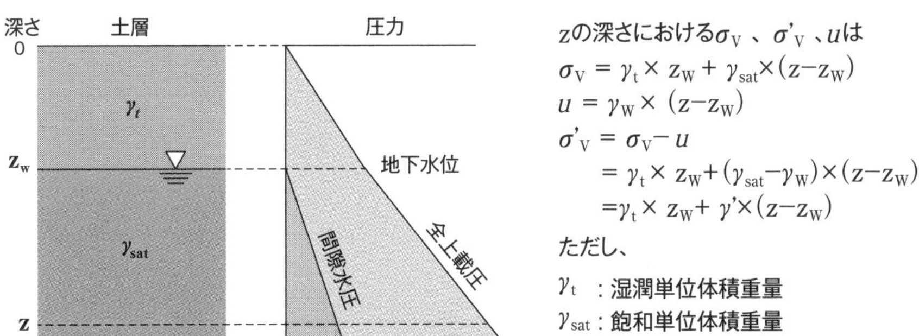

17 砂礫は透水、粘土は不透水

山に降った雨は地表面を流れるだけでなく、地下に浸透し地盤内を流れます。したがって、一般に地下水面以下の地下水はある速度で流れています。礫や砂では間隙が大きいため流れが速く、粘土では間隙が小さいので、非常に遅い速度で流れます。そこで通常、礫層や砂層を透水層、粘土層やシルト層を不透水層（または難透水層）とみなしています。

上下を粘土層で挟まれた砂層の中を左から右に地下水が流れている状態を考えてみます（**図1**）。このような流れが発生するためには、左側の水圧が右側より高いことが必要です。両側にパイプ（スタンドパイプと呼びます）を砂層中まで差し込んでみますと、その中の水位が上がってきますが、左側の水圧が高いためパイプ内の水位も高くなります。両側のパイプの水位の差（水頭差と呼びます）をh、パイプ間の距離をLとして、その比$i=h/L$を動水勾配と定義します。そうしますと、地下水の流速vは動水勾配に比例し、$v=ki$と表されます。ここでkを透水係数と呼びます。この関係はダルシーによって調べられましたのでダルシーの法則と呼ばれています。砂層の断面積をAとしますと、砂層を流れる水の流量Qは$Q=vA$となります。

なお、地盤の中で実際に流れている水は土粒子間の間隙を縫うように流れていますので、水自体の流れはこのvより速いはずです。したがって上記の透水係数kは、土全体のみかけの透水係数と言えます。

透水係数は粒径や粒度分布、締固め度によって変わり、特に粒径によって大幅に異なります（**表**）。そこで、ロックフィルダムではダム内を水が通り難くするために、中央部に粘土を用いた遮水層を設けています（**図2**）。フィルダムではこのような遮水層の他に、貯水池側ののり面をアスファルトなどで覆って遮水することも行われます。河川堤防でも川側ののり面に遮水シートを貼ることが行われます。

要点BOX

- 間隔の大きさによって変わる地下水の流れる速度
- 透水係数は粒径や粒度分布、締固め度によって変わる

図1　水平地盤での水頭差と地下水の流れ

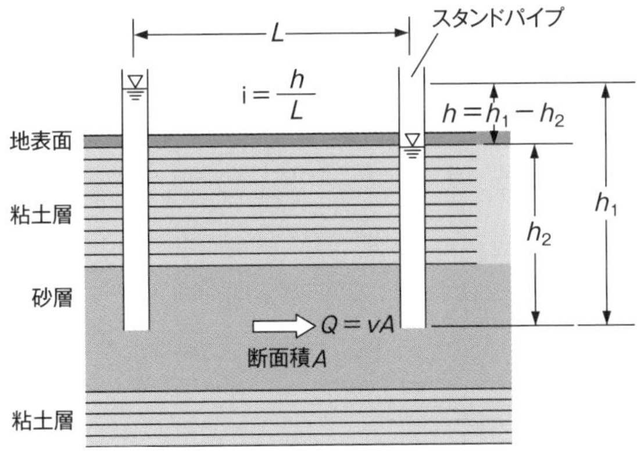

表　土の種類と透水係数

透水係数 k [m/s]

10^{-11}　10^{-10}　10^{-9}　10^{-8}　10^{-7}　10^{-6}　10^{-5}　10^{-4}　10^{-3}　10^{-2}　10^{-1}　10^{0}

<table>
<tr><td>透水性</td><td colspan="2">実質上不透水</td><td colspan="2">非常に低い</td><td colspan="2">低　い</td><td colspan="2">中　位</td><td colspan="3">高　い</td></tr>
<tr><td>土の種類</td><td colspan="2">粘性土</td><td colspan="4">微細砂、シルト
砂―シルト―粘土混合土</td><td colspan="3">砂および礫</td><td colspan="2">礫</td></tr>
</table>

図2　ロックフィルダムの構造例

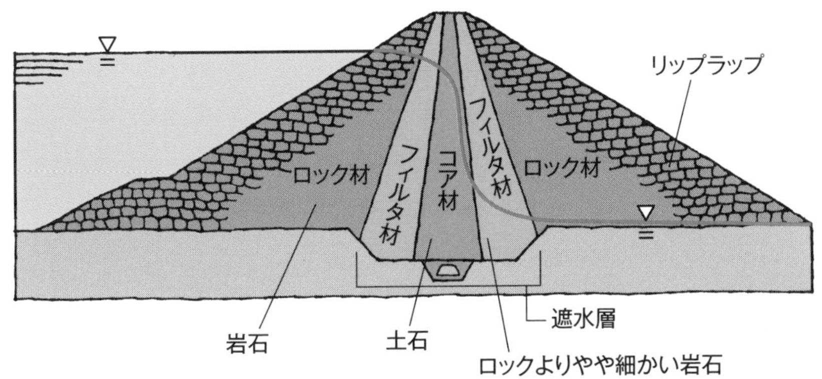

（資料:『トコトンやさしいダムの本』（溝渕利明著、日刊工業新聞社）に加筆）

18 数年もかかる沈下

圧密の考え方

鉄などの一般の建設材料に力を加えますと、その大きさに応じた値だけ即座に変形します。ところが土はそうはいきません。例えば、数tもある重い構造物を軟弱粘土地盤上に一気に載せた場合、まずその重みでいくらか地盤にめり込んで沈下し、さらに数カ月、数年かけてじわーと沈下が進んでいきます。前者を即時沈下、後者を圧密沈下と呼びます。

即時沈下は他の材料と同じように弾性変形的として、地盤の弾性定数をもとに推定することができます。

一方、圧密沈下は構造物の荷重により、土粒子で形成している骨格が変形する結果生じる現象です（図1）。骨格が圧縮されますと、その中にある間隙水は絞り出されます。骨格の変形は、荷重の増加でばねが変形したように考えることができます。

そこで、水を満たした容器にばねを立て、小さな孔をあけた載荷板を載せて、さらに荷重を加えるモデルで考えてみます（図2）。初めは載荷板の重さはばねで支えていて、水圧（地盤内では間隙水圧）では支えていません（図2a）。そこに荷重が急速に加わると、瞬間的に荷重を水圧で支えざるを得なく、水圧が荷重分だけ急上昇します（図2b）。その後、小孔から徐々に水が排出し水圧も下がり、それとともにばねが縮み荷重の一部を支え始めます（図2c）。最終的に、ばねだけで荷重を支えるようになります（図2d）。

実地盤では、加わった荷重は全応力、ばねの応力は粒子間力の有効応力、過剰に生じた水圧は過剰間隙水圧、沈下量は体積ひずみと考えることができますので、この間の有効応力、過剰間隙水圧、体積ひずみは時間とともに変化していくことになります（図3）。

したがって、圧密現象においては沈下量～時間関係と最終沈下量を求めることになります。前者には圧密係数C_v、後者には圧縮指数C_cや体積圧縮係数m_vといった指標を用いて沈下量の予測を行います。これらの指標は圧密試験で求めます。

要点BOX

- 即時沈下は地盤の弾性定数から推定
- 圧密沈下は沈下量～時間関係、最終沈下量から求める

図1　載荷による土粒子骨格の変形

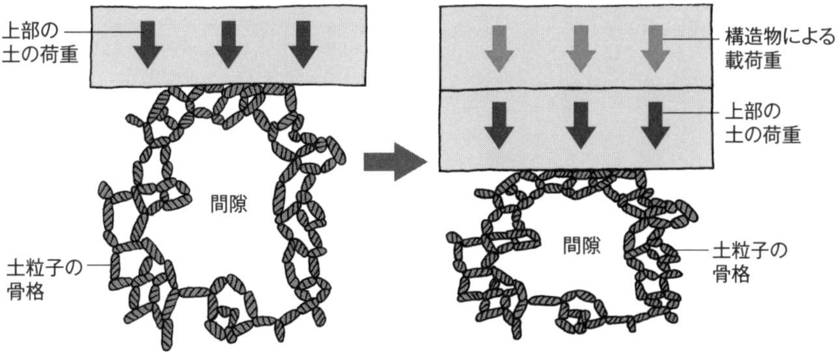

上部の土の荷重

構造物による載荷重

上部の土の荷重

間隙

間隙

土粒子の骨格

土粒子の骨格

図2　土粒子骨格をばねでモデル化して載荷した状況

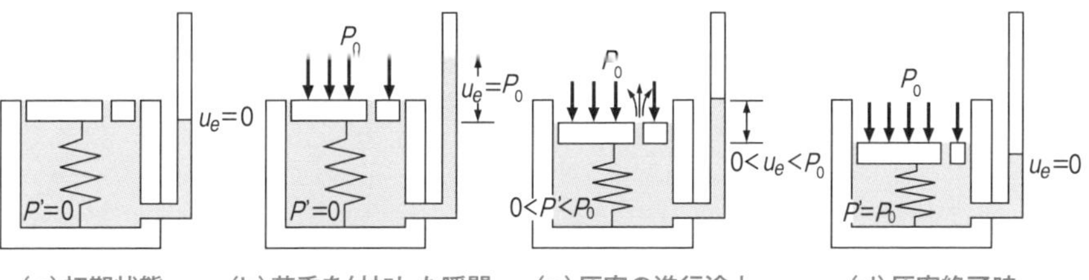

図3　有効応力、過剰間隙水圧、体積ひずみの時間変化

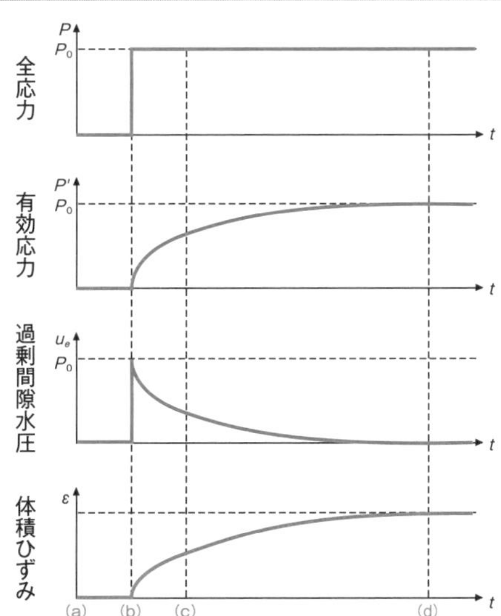

19 土の力学の基本はせん断破壊

せん断強度

土は土粒子が積み重なってできているため、引張強度はほとんどありません。一方、土粒子の組成は岩石片と同じなので通常の荷重では壊れません。したがって、土全体に等方的な圧縮力を加えても、圧縮するだけで土自体の破壊は生じません。

これに対し、せん断力を加えると土粒子間にすべりが生じ、破壊します(**図1**)。そのため、地盤工学ではせん断特性が特に重要であり、この点がコンクリートや鉄などの他の材料と大きく異なります。また、せん断応力～せん断ひずみ曲線はひずみが小さい段階から非線形となり、破壊前に荷重を除荷しても残留ひずみは残ることが特徴です(**図2**)。さらに、上載荷重やせん断中の間隙水の出入り(排水条件と呼びます)が異なると応力～ひずみ曲線が変わるなど複雑です。

斜面のすべりは勿論のこと、構造物の支持力や土圧など、せん断強度を用いて設計するケースはたくさんあります。せん断強度を求める単純な方法として、一面せん断試験があります。この試験では、円盤状に整形した供試体を上下2つからなるせん断箱で被せて、箱を通して供試体に上から上載圧(直応力)σを加えた状態で、せん断箱を水平にずらして、供試体にせん断力τを与えます。せん断力はある変位量で最大値τ_fに達した後減少しますので、τ_fをせん断強さと見做します。この値はσが大きいほど大きな値となり、3段階程度のσで試験を行って横軸にσを、縦軸にτ_fをとってプロットしますと、ほぼ直線(これが破壊線です)になります(**図3**)。

この性質はクーロンにより見出されたもので、直線の切片を粘着力c、傾きをせん断抵抗角(内部摩擦角)ϕと定義し、$\tau_f=c+\sigma\tan\phi$と表します。cとϕを合わせてせん断強度定数と呼んでいます。このように土のせん断強さは直応力(水平方向の応力も併せて拘束圧と呼びます)によって変化しますので、せん断強度そのものよりは、c、ϕを設計に用います。

要点BOX
- 土は等分的な圧縮力では壊れない
- せん断力には弱い
- せん断強度定数c、ϕを設計に用いる

図1　せん断力を与えたときの土粒子構造のずれ

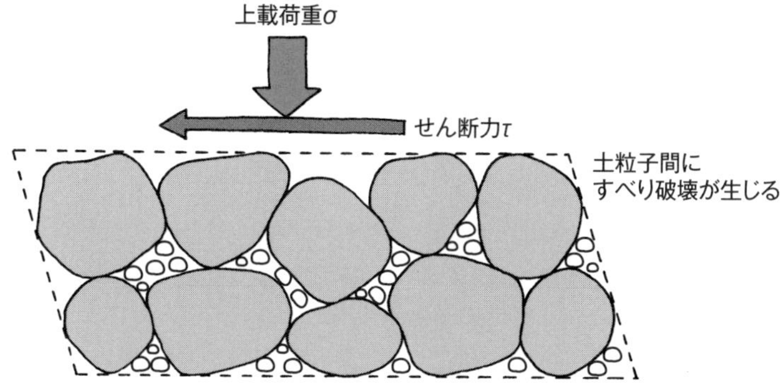

図2　せん断力を増加、減少させたときのせん断応力〜せん断ひずみ関係

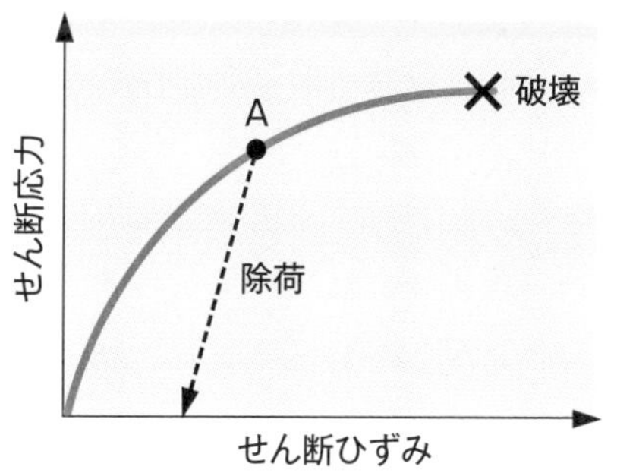

図3　せん断強度と破壊線、強度定数

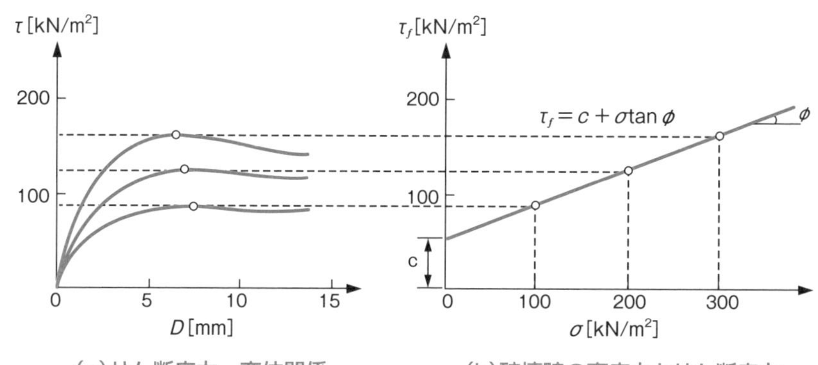

(a)せん断応力—変位関係

(b)破壊時の直応力とせん断応力

20 複雑なせん断強さ

せん断強度の求め方とせん断強度に影響を与える要因

せん断強度定数にϕが含まれることは、せん断強さには土粒子間の摩擦性の成分を含んでいることを意味しています。一方、粘着力cは土の粒子同士を結合させている力に起因するものです。したがって、乾燥砂のように拘束力がないとバラバラになる土では、$c=0$となり粘着力の成分はありません。逆に、粘土では土粒子間の摩擦成分が少ないと言えます。非常に単純化して、砂では$\tau_f=\sigma \tan\phi$、粘土では$\tau_f=c$として設計することもあります（**図1**）。

そうは言っても、一般にはc、ϕの両者を考慮して$\tau_f=c+\sigma \tan\phi$として設計します。ただし、その場合にも圧密条件と排水条件によってc、ϕの値が変化しますので、試験条件に注意が必要です。

この2つの条件はなかなか理解しづらいのですが、例えば、地下水位が浅く軟弱な粘土地盤の上に盛土をする場合を想定してみます。大量の土で急速に盛土する場合と、土を少しずつ薄く撒きだし長時間かけて盛土する場合とでは、盛土荷重によって粘土地盤が圧密する時間があるか否かが異なります。

前者はその時間がないので非圧密条件、後者はあるので圧密条件と判断します。当然、後者の方がせん断強さは大きくなります。後者の場合でも盛土が高くなり過ぎるとすべり破壊を生じますが、その時に粘土地盤内ではせん断により過剰間隙水圧が発生しても排水できないので、非排水状態でせん断されることになります。ところが、もし地盤が透水性の良い砂地盤でしたら過剰間隙水圧は消散されますので、排水状態でせん断されることになります。

一面せん断試験ではこのような圧密、排水条件を制御してせん断試験を行うことができません。そこで、三軸圧縮試験を行って、所定の条件におけるせん断強度定数を求めることが行われています（**図2**）。なお、破壊線を全応力で表示するか、有効応力で表示するかによっても、せん断強度定数は異なります。

要点BOX

- ●せん断強さは粘着力とせん断抵抗角から求める
- ●所定の条件におけるせん断強度定数は三軸圧縮試験で求める

図1　砂と粘土におけるせん断強度定数の単純化例

単純化
せん断強さ τ_f
砂
粘土
拘束圧σ
せん断強さ τ_f
砂
粘土
拘束圧σ

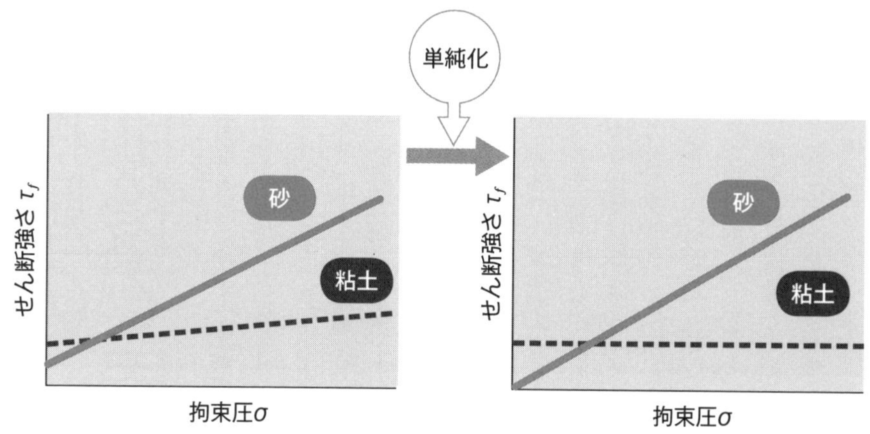

図2　三軸せん断試験装置

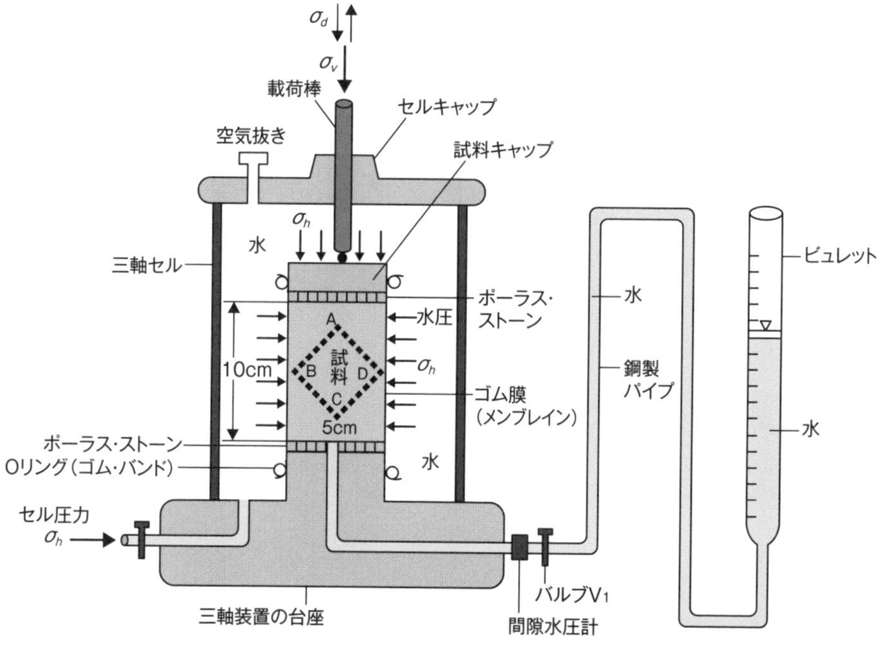

σ_d
σ_v
載荷棒
セルキャップ
空気抜き
試料キャップ
σ_h
水
三軸セル
ビュレット
ポーラス・ストーン
水
水圧
A
試料
B
D
C
10cm
σ_h
鋼製パイプ
ゴム膜（メンブレイン）
5cm
水
ポーラス・ストーン
Oリング（ゴム・バンド）
水
セル圧力 σ_h
バルブV_1
三軸装置の台座
間隙水圧計

（資料『地盤の液状化』（石原研而、朝倉書店）より）

21 擁壁の前後で異なる土圧

土圧の考え方

擁壁や岸壁には水平方向に押す土圧が加わっています(図1)。岸壁のように地下水位が浅い場合には水圧も加わっています。土圧と水圧を合わせて側圧と呼ぶこともあります。一方、地下鉄や共同溝などの地中構造物には、鉛直方向にも上の土の重さによる土圧が作用しています。

さて、擁壁や岸壁に加わる土圧は、背後地盤と前面地盤では値が異なります。擁壁が押されて前に少し転倒しかけると、前面では壁体が土を押すことになります。前者を主働状態、後者を受働状態と呼びます(図2a)。前とし、前面では壁体が土を押すことになります。

両側で同じ深さの土の要素A、Pに加わる圧力を考えてみますと、鉛直方向の有効上載圧,σ'_vが同じでも水平方向の土圧は壁の動きの影響を受けます。もし壁体が動かない状態(静止状態と呼びます)でしたら、水平方向の土圧,σ'_0は,σ'_vの半分程度です(図2b)。ところが、壁体が離れていくと小さくなり、壁体が地盤に押し込まれると大きくなります。壁体の変位が大きくなり過ぎると、背後の土は水平に膨らむように破壊しますし、前面の土は持ち上がるように破壊します。このとき、水平土圧は最小、最大になり、前者を主働土圧,σ'_A、後者を受働土圧,σ'_Pと呼んでいます(図2cd)。ここで「,」を付けていますのは、水圧と分けて有効応力だけがこうなるという意味です。水圧は鉛直にも水平にも同じ値が加わります。

このように構造物に作用する土圧は地盤の破壊状態に関係しますので、地盤の破壊状態を仮定して土圧を算定することが行われてきました。壁の背面・前面の地盤全体が破壊に達した状態を仮定して土圧を導く考えをランキンの土圧理論、壁の背後地盤がくさび状にすべる状態を仮定して力の釣合い状態から土圧を導き出す考えをクーロンの土圧理論(図3)と呼んでいます。破壊状態を考えていますのでこれらの土圧は土のせん断抵抗角、粘着力から計算されます。

要点BOX
- ●背後地盤と前面地盤で異なる土圧
- ●水平方向の土圧は壁の動きに影響される
- ●ランキンの土圧理論とクーロンの土圧理論

図1　擁壁や岸壁に加わる土圧、水圧

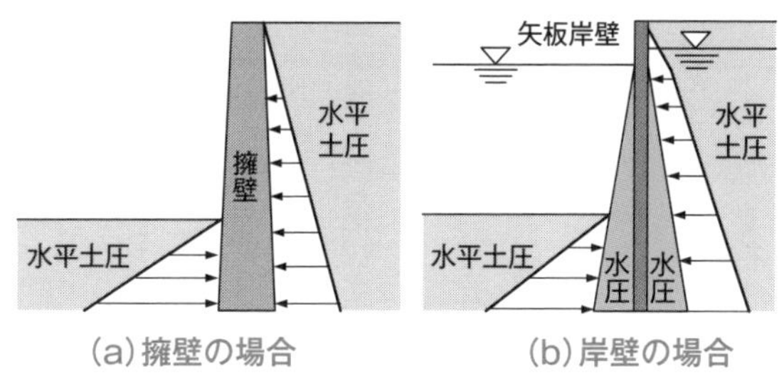

図2　壁体の動きによる土圧の違い

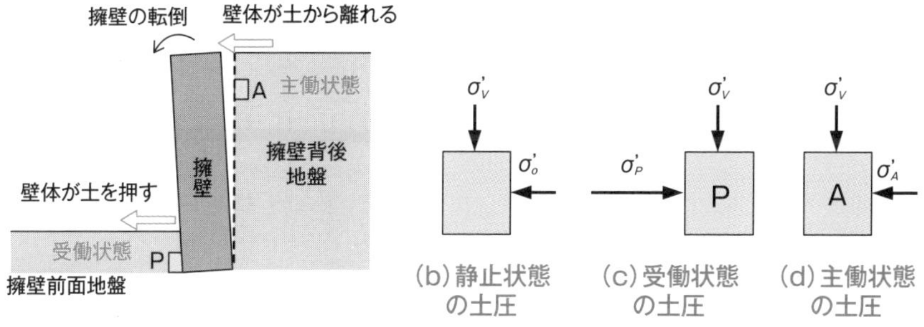

図3　クーロンの土圧の考え方

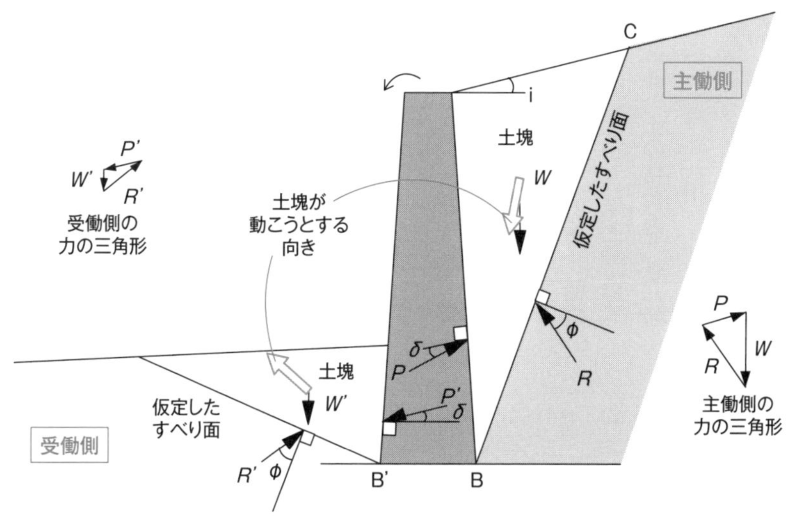

22 地盤が良いと基礎は簡単

浅い基礎の支持力の求め方

地盤が硬くて構造物を支持できる場合には、構造物を地盤の上に直接載せます。ただし、その場合でも構造物に何らかの基礎を設け、地表面から数十㎝とか地下室分だけ掘って載せます。これを浅い基礎、あるいは直接基礎と呼んでいます。一方、地盤が軟弱で構造物を支持できない場合には杭やケーソンなどの深い基礎を設置した上に構造物を載せます。

浅い基礎で中層ビルを建設する場合、階が増えて地盤に加わる荷重が増えると、それに応じて即時沈下量が増えていきます（図1）。荷重を大きく載せ過ぎますと沈下量は急増し、遂には大きく沈下してしまいます。この時の支持力を極限支持力と呼びます。地盤がある程度硬いと極限支持力は明瞭に現れますが、硬くないと不明瞭になります。極限支持状態では地盤は破壊状態になっているので、前者を全般せん断破壊、後者を局部せん断破壊と呼んでいます。

地盤内の硬さの分布は一般に不均質で、設計用の地盤定数にはばらつきを考慮する必要があります。また、極限支持力近くまで載荷するとかなり沈下します。そこで構造物の設計にあたっては極限支持力を安全率で除した許容支持力で設計します。安全率としては、通常時に対し3、地震時などの異常時に対し1・5～2程度の値をとります。

極限支持状態のときは、構造物の荷重によって基礎下の地盤が楔状（くさびじょう）に押し込まれ、その土が両側に押し出され地表面が盛り上がることになります（図2）。テルツァギーはこのような崩壊形状を仮定して、極限支持力を計算する式を導き出しました。その式は、基礎の幅、基礎の根入れ深さ、土の粘着力とせん断抵抗角から成っています。

なお、表層に硬い層があるもののその下に軟らかい層がある場合、基礎の幅が狭いと硬い層だけをせん断面が通りますが、広いと軟らかい層までせん断面が通るので注意が必要です。

要点BOX
- ●地盤の荷重による沈下量と地盤の硬さの関係
- ●地盤定数のばらつきや沈下を考慮した安全率
- ●基礎の幅が広いと深部の軟弱層に注意

55

図1　浅い基礎の荷重〜沈下量関係

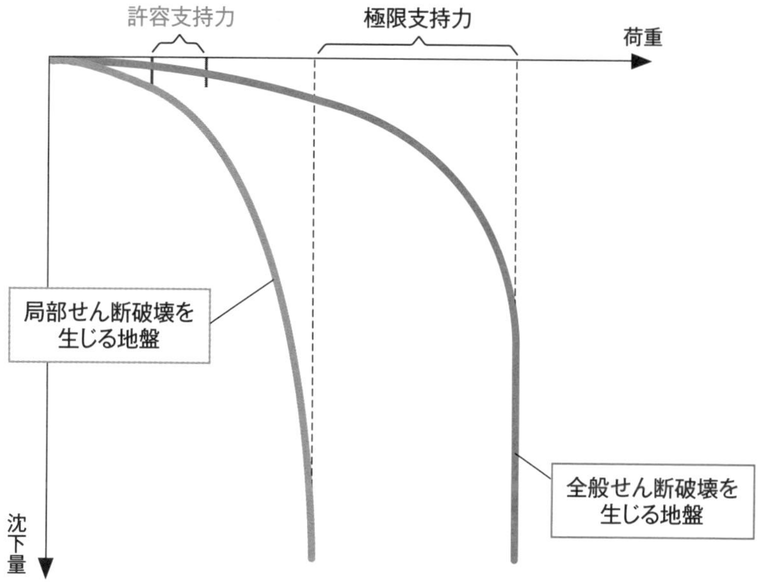

許容支持力

極限支持力

荷重

沈下量

局部せん断破壊を生じる地盤

全般せん断破壊を生じる地盤

図2　極限支持状態でのせん断破壊

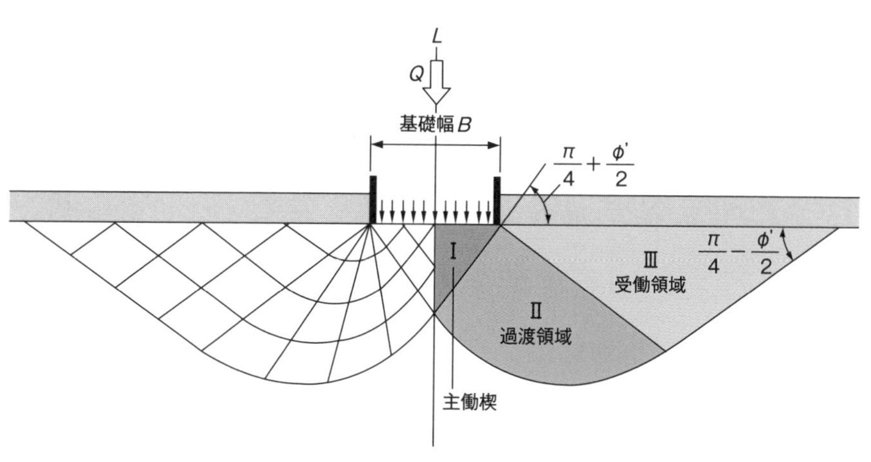

23 軟弱地盤では杭基礎

杭基礎の支持力の考え方

深い基礎の代表的なものは杭基礎です。杭で構造物の鉛直荷重を支える場合、2種類の支持力が発揮できます。杭の先端では、浅い基礎と同様に杭の下の地盤を押して両側に地盤を押し出す動きにより支持力を発揮します。これを先端支持力と呼びます。また、杭は長いため周面の摩擦力で支えることもでき、これを周面摩擦力と呼びます。打設した1本の杭に鉛直荷重を加え荷重を増加させていくと、荷重とともに少しずつ沈下していき、荷重が過剰に大きくなると急激に沈下します(**図1**)。浅い基礎と同様にこの時の荷重を極限支持力と呼びます。なお、杭の深さ方向にひずみゲージを貼って軸力分布を推定した結果によると、荷重が小さい間は摩擦力で主に支持し、荷重が増えると先端で支持する割合が増えています。

以上は鉛直支持力だけの話ですが、構造物に地震、風、津波・波浪などが作用すると、杭基礎には水平方向の荷重が作用します。これに対する支持力を水平支持力と言います。

杭の鉛直支持力は静力学支持力式より求めるのが一般的で、この他、載荷試験を行って求めたり、打込み時のエネルギーから求めることもあります。静力学支持力式では、極限鉛直支持力R_Uが極限先端支持力R_Pと極限周面抵抗力R_fの和からなると考えます(**図2**)。R_Pは杭先端の断面積Aに単位面積あたりの極限支持力qを乗じたものですが、qの求め方が理論的に確立されていないので、一般にN値から経験式で推定しています。R_fは単位面積あたりの極限周面抵抗力τに周面積を乗じて求めます。なお、浅い基礎と同様に安全率で除して許容支持力を求めます。

杭の水平支持力は静的な釣合いから求めることが一般的ですが、載荷試験から求めることもあります。前者では地盤を弾性床、杭をその上に置かれた梁と考え、釣合い式から杭の変形量および杭内に発生する応力を求めます(**図3**)。

要点BOX
- ●鉛直方向は先端支持力と周面摩擦力で支える
- ●水平方向の荷重に対しては変形量および応力を検討する

図1　杭の載荷試験

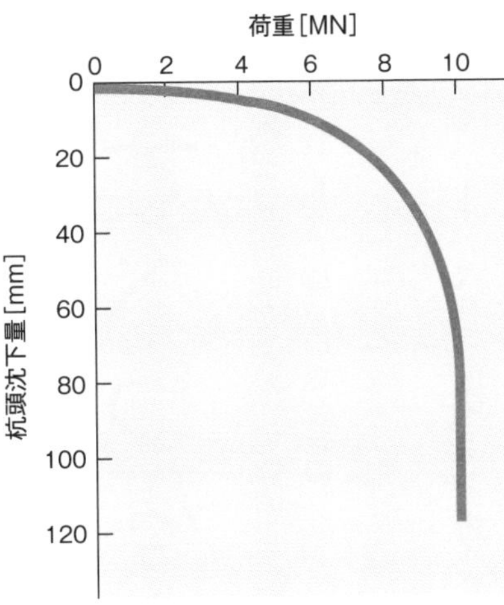

(a)杭頭の荷重―沈下曲線

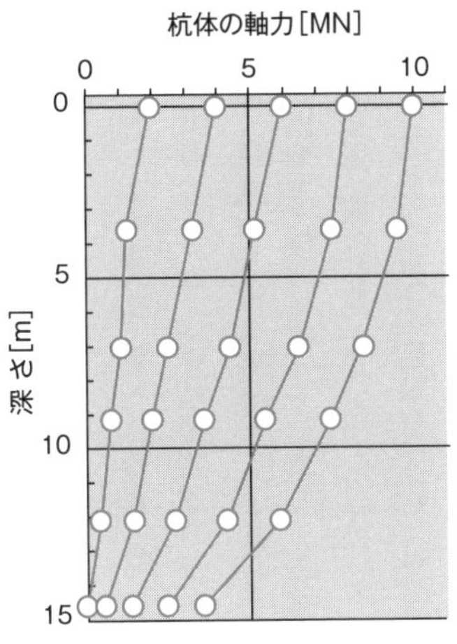

(b)杭体の軸力分布

図2　杭の鉛直極限支持力の求め方

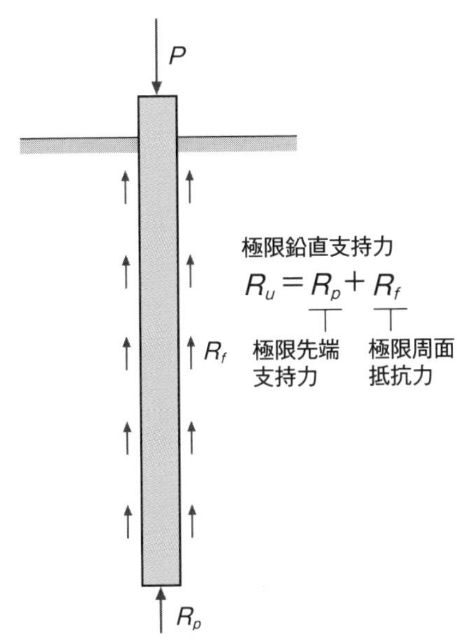

図3　杭の水平支持力の求め方

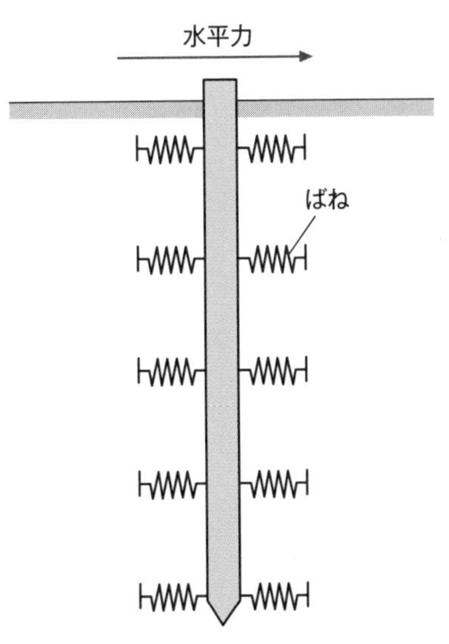

24 地震や雨ですべらないように

斜面の安定性の考え方

斜面には山地の自然斜面から盛土の斜面まで多種多様なものがあります。盛土の場合はのり面と呼ぶことが多いですが、ここでは統一して斜面と呼んでおきます。斜面が不安定になるケースやその時の被害状況にも種々あります。既存の斜面でも地震や豪雨を受けると崩壊しますし、軟弱地盤上に盛土を新設する場合には施工中にすべることもあります。また、すべらないまでも沈下や孕(はら)み出しといった変状が発生することもあります。

これらの予測をする場合、すべり破壊に対して検討する方法と変状（沈下など）を検討する方法があります。ただし、後者は複雑な解析を行わないといけないので、一般に前者で検討を行っています。その場合、直線的な斜面崩壊（直線状のすべり）と円弧状の斜面崩壊（円弧すべり）の2種類の破壊形式に分けて検討を行います（図1）。自然斜面で表層が風化しその下部に硬い基盤層が残っている場合には直線状のすべりが発生し易く、厚い軟弱地盤上に盛土する場合は円弧状にすべり易いと考えています。

直線状の斜面崩壊では、すべり土塊(どかい)は斜面に平行なため、土塊の要素においてすべりに抵抗する土の強度Rを、すべりを生じさせようとする力Sで除して、すべりに対する安全率F_sが簡単に求められます（図2）。当然、土の粘着力とせん断抵抗角の値が必要です。

一方、円弧状のすべりに対してはすべり土塊内での深さが一定でないため、土塊を複数の鉛直なスライスに分割し、各スライスの底面のせん断強さに由来する抵抗モーメントM_{Ri}と、すべり土塊の滑動モーメントM_{Si}より安全率F_sを算定します（図3）。このために、まず円弧の中心と半径を設定しますが、それらの設定の仕方によって安全率は異なりますので、両条件をいくつか変えて安全率の計算を繰返し、そのうち最低の安全率F_{smin}をこの斜面におけるすべりに対する安全率と判断します。

要点BOX
- ●すべり破壊の検討方法と変状の検討方法
- ●すべり破壊は2種類の破壊形式で検討する
- ●設計では安全率を考慮する

図1　2種類のすべり破壊形態

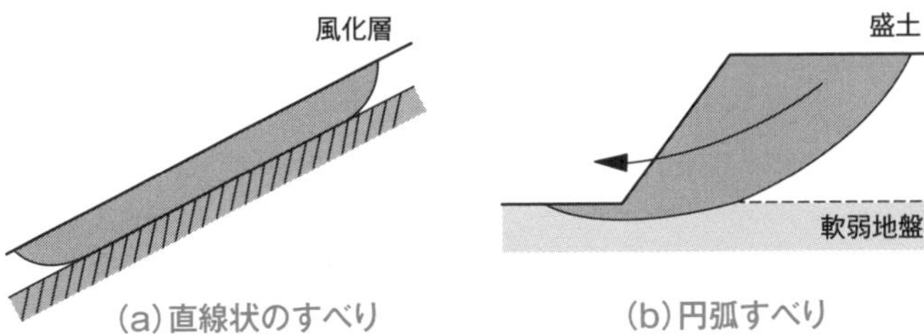

図2　直線状すべりでの安全率

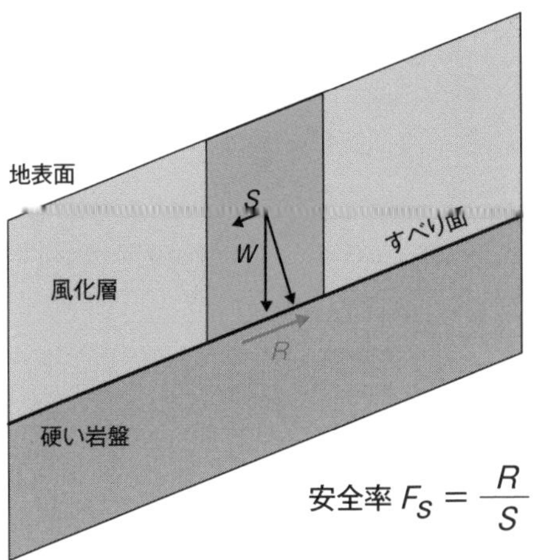

図3　円弧すべりでの安全率

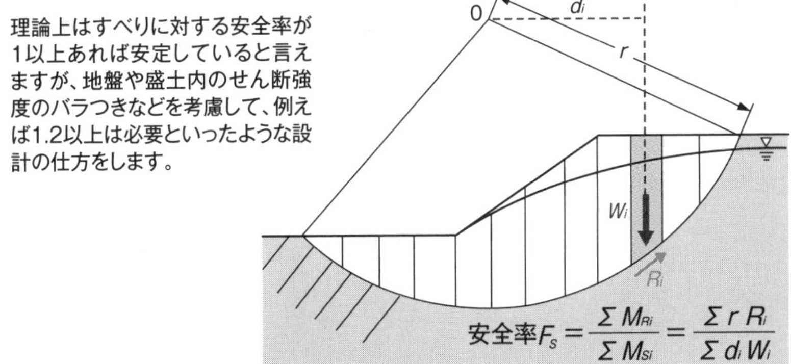

Column

地盤工学での有効数字はさまざま

著者が大学に入学した1966年頃は学生が計算に使える道具はそろばんと計算尺だけでした。土木工学の中で最も精度を要求されたのは測量学で、野外の測量実習で5桁程度の掛け算をする必要がありました。ところが計算尺ですと3桁の掛け算までしかできません。そこで、常用対数表なるものを用いました。$log_{10}(a \times b) = log_{10} a + log_{10} b$ なる関係を用い、まずaとbの対数を表から求め、そろばんでこの足し算をし、再度表を用いて$a \times b$の値を求めていました。その後、現在のプリンターほどの大きな電卓が出てきましたが、学生で手のひらサイズの電卓が使えるようになったのは1970年代になってからでした。

現在では電卓で10桁の計算でも瞬時にできるようになってきましたが、逆にその弊害で有効数字に関する認識が薄れてきたのではないかと懸念されます。大学で地盤工学の演習のとき、例えば「土の供試体の体積が196㎤で質量が320・3gのとき湿潤密度を求めよ」との問題を出すと、「1・634184g/㎤です」と、平気でとんでもない桁数の答えが返ってきたりします。勿論減点です。

地盤工学の分野ではどの程度の有効数字で答えを出しておけばよいのでしょうか? 実は、様々な土質試験、地盤調査があるため、その精度はピンからキリまであり、それに応じて有効数字も1桁から4桁までバラバラです。

土質試験では基本となる密度などの物理量を求めるために、質量と体積を測定します。三軸圧縮試験の供試体としてよく用いる直径5㎝、高さ10㎝の大きさの土を想定してみます。質量は〝はかり〟の精度が上がってきたため5桁までも測れますが、体積はそうはいきません。土を整形し寸法をノギスで測る関係上、有効数字が3桁か4桁に制限されます。そこで、3桁程度で表す場合が多いと言えます。

これに対し、地盤調査で最も利用している標準貫入試験のN値は、軟弱粘土や緩い砂では10以下の1桁です。N値は使い勝手が良いので、N値からせん断抵抗角や杭の支持力などが推定され設計に用いられています。そのとき、ついつい3桁程度の値を出し、もっともらしい設計が行われていることが目に留まることがあります。

学生だけでなく実務者の方も、有効数字に留意して欲しいと思います。

第3章 地盤を知るには

25 地盤内を知る方法

多種多様な地盤調査

　一般に、地盤は砂質土や粘性土が深さ方向に互層になっていますが、水平方向にも不均質なことが多々あります。台地と低地の境のように地形的に明瞭な所は勿論ですし、一見して同じように見える土地でも不均質なことがあります。例えば、過去に砂礫を採取するために掘削して砂で埋め戻した場所（**図1**）や、丘陵で切盛りして造成された土地です。

　このような複雑な地盤内の状況は地表からは見えませんので、何とかして探る必要があります。そのために、まずボーリングをし、深さごとの地盤の硬さや、地下水位などを調べることが行われます（**図2**）。またその孔から土の試料を採取し、試験室に運んで物理試験や力学試験を行います。これらによって、その箇所の鉛直方向の地盤状況が分かります。

　次に平面方向の地盤状況ですが、これがなかなか厄介です。まず、ボーリング本数を増やしてその間の地層分布を推定する方法があります。ただし、その間を数学的に補間するだけではなく、平面的な地形の変化などを知って地層分布を推定する必要があります。また、どれくらいの間隔で調査するかも問題です。構造物ごとに設定してある場合もありますので、それを参考にすると良いでしょう。

　これに対し、平面的な地層構成の分布を大まかに推定する方法として、地表から探査する方法があります。深い層まで調べる地震探査や、浅い層だけ調べる表面探査、また常時生じている微動を測定して深い層を推定する方法など多く開発されています。これらとボーリングを組み合わせて調査することが大切です。

　ボーリング孔を利用して載荷試験を行ったり、密度などを検層する方法もあります。また、室内試験を行うために試料を採取する方法も数多く開発されています。目的や必要な精度に応じて地盤調査計画を立てることが大切です。

要点BOX

- ●地盤の状況は地表からは把握できない
- ●ボーリングと組み合わせた調査が重要
- ●構造物や求められる精度によって方法を検討

図1　水平地盤でも砂利を掘削して埋め戻した箇所がある不均質な例

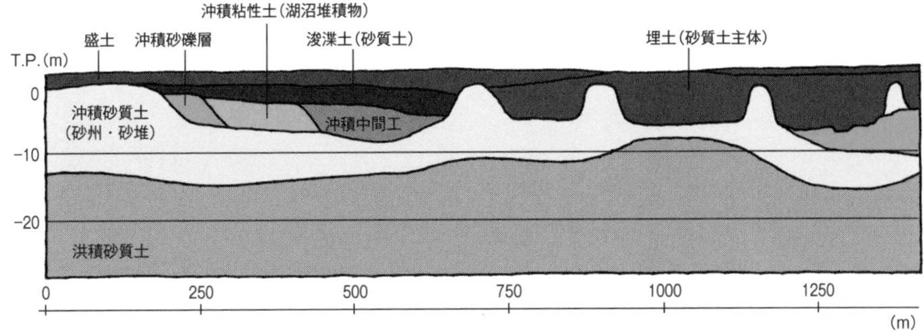

T.P.：東京湾中等潮位。Tokyo Peilの略。地表面の標高を表す場合の基準となる東京湾の海面高さ。

図2　鉛直方向と平面方向の調査方法の違い

平面方向の調査も行う場合

鉛直方向だけの調査の場合

ボーリングを複数実施しただけでは分かり難い

T.P.(m)　Br　Br　Br　Br　Br　Br

0　-10　-20

0　250　500　750　(m)

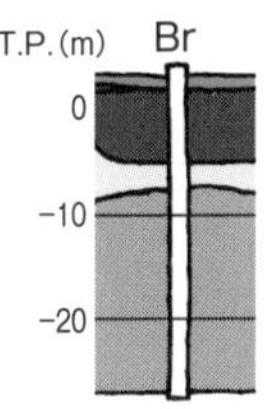

Br：地盤調査用ボーリング

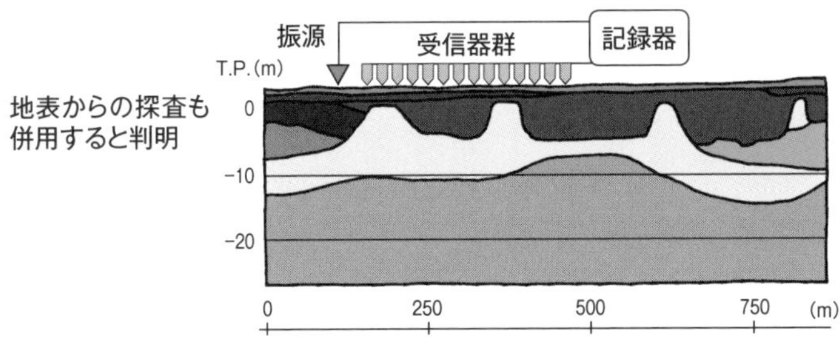

地表からの探査も併用すると判明

用語解説

ボーリング：地盤に孔をあけて調査する方法をボーリング調査と呼ぶ。

26 設計に最も用いられるN値の測り方

ボーリング孔による詳細な調査・試験

ボーリングによって地盤調査を行うためには、まずボーリングマシーンで孔を空けます。孔の直径はそこで行う調査項目や深度によって異なります。一般には66〜126㎜程度です。

この孔を利用して行う最も一般的な調査は標準貫入試験です。これは所定のサンプラーをロッドの先端に付けて孔底に降ろし、ロッドの上部に付けたストッパーに63・5kgのハンマーを76㎝の高さから落下させ、地盤内に30㎝ほど貫入するまでの打撃回数を測定し、その回数をN値と定義する方法です(図1)。その際、サンプラー内に土の試料も入ってきますので、それを用いて粒度試験を行えば土の判別も行えます。標準貫入試験は通常深さ1mごとに行います。

N値からまず地盤の硬さが大まかに判断できます。砂ではN値が10程度以下の場合緩いと判断し、30や50以上もあるとしっかりした硬い地盤で基礎を支持できると判断します。一方、粘土では3程度以下の場合大変軟弱と判断し、10程度以上もあるとかなり硬いと判断します。

さらに、N値と種々の地盤定数との関係が調べられてきており、設計によく用いられます。例えば、せん断抵抗角φ、杭基礎の先端支持力、液状化強度はN値から推定することが広く行われています(図2)。ただし、これらはあくまでも経験式なので、誤差を含んでいることに留意しておく必要があります。

さて、ボーリング孔を利用しますと、任意の深さにおける乱れの少ない試料が採取でき、また種々の詳細な調査・試験ができます。そのうち、耐震設計用にPS検層が多く用いられるようになってきました。これは地盤内を伝わるP波とS波の速度を測定するもので、S波速度からは地震応答解析に必要な土の動的変形特性が得られます。また、杭の設計に必要な水平地盤反力係数を求めるために孔内水平載荷試験もよく行われます。

要点BOX

- ●ボーリング孔の一般的な調査は標準貫入試験
- ●砂と粘土によってN値による判断の基準は異なる
- ●耐震設計にはPS検層を用いる

図1　標準貫入試験

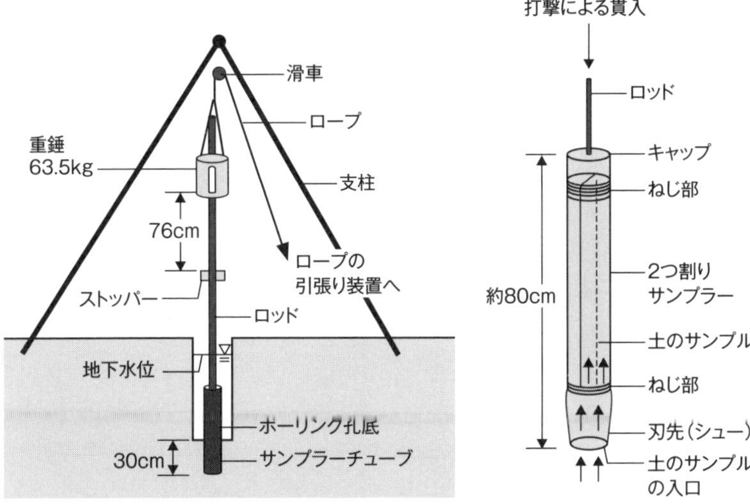

（資料：『地盤の液状化』（石原研而、朝倉書店）より）

図2　N値とせん断抵抗角の関係例

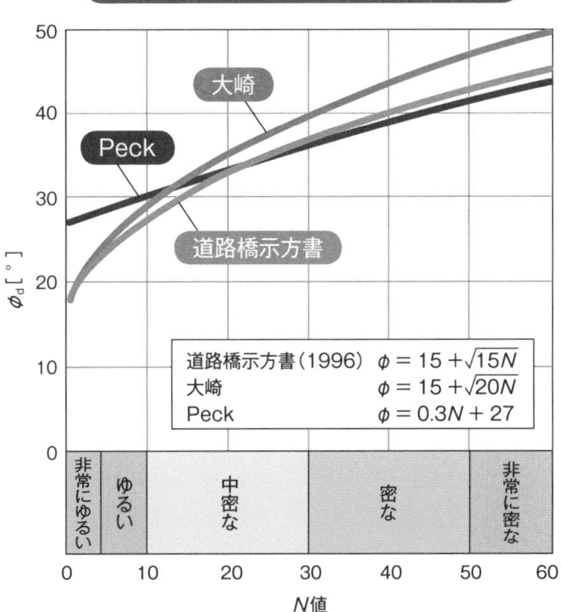

27 開発進むサウンディング

標準貫入試験を行うにはボーリングが必要ですが、その手間のかからないサウンディング方法（貫入試験）が数多く開発されてきました。代表的なものとして先端が尖ったコーンを地盤内に押し込んでいく、コーン貫入試験があります。この場合、押し込み力として先端抵抗にロッドのフリクションも加わりますので、機械的な構造で先端抵抗を分けて測定できるオランダ式二重管コーン貫入試験装置が、古くから使用されてきました（図1）。

これに対し、電気計測技術の進歩によって押し込み時の間隙水圧や周面摩擦も測定して土質の判別もできる電気式静的コーン貫入試験が開発され、近年多く用いられるようになってきました。ただし、日本の地層構成は複雑なことなどにより、海外に比べて標準貫入試験ほど広くは用いられていません。

これらは一般に試験装置を用いて押し込みますが、人力で押し込むポータブルコーン貫入試験もあります。また、試験装置を持ち込めない斜面の風化層の調査には、5kgのハンマーを50cmの高さから自由落下させて10cm貫入するまでの回数を測る簡易動的貫入試験がよく使われています。

一方、戸建て住宅の宅地地盤の調査などには、スウェーデン式サウンディング試験が近年多く使われています（図2）。これはスクリューを先端に付けたロッドに重りを100kgまで順番に載せていき、ロッドの沈み込みがなく静止している場合にはロッドを回転させ、25cmほど貫入するまでの半回転数を調査するものです。簡単で、狭い土地でも調査できますが、あまり深くまでは調査できず、土質は貫入時の音で判断する程度で、また礫に当たるとそれ以上貫入できないなどの制約があります。

その他、地震時の液状化の判定を主目的として開発されたピエゾドライブコーン試験など、いくつかの新しい試験方法も開発されてきています。

要点BOX
- ●手間の少ないサウンディング方法も誕生
- ●日本の複雑な地層構成が試験方法の妨げに
- ●宅地の調査には簡易的な方法を採用

図1　オランダ式二重管コーン貫入試験

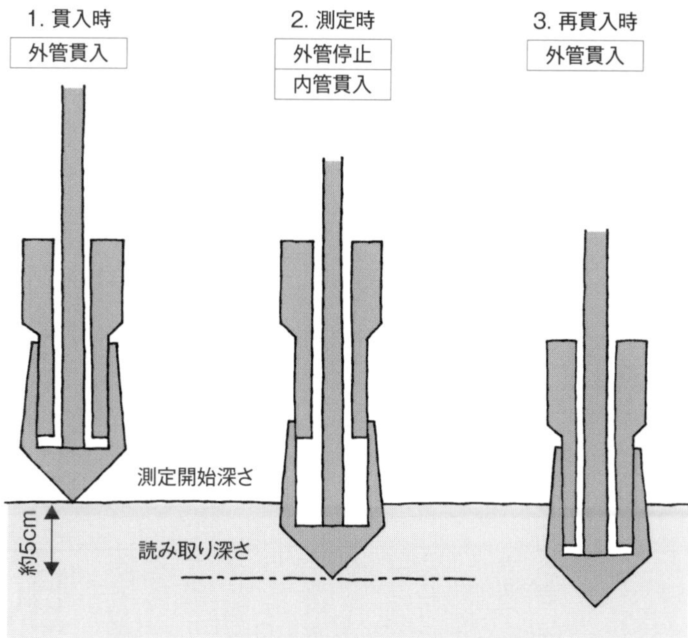

図2　スウェーデン式サウンディング試験

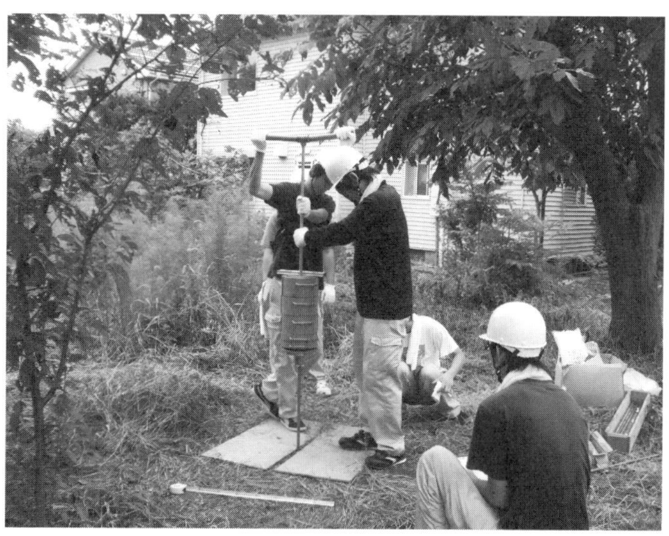

28 土の試料はどのように採取するか

乱れの少ない試料採取

土質試験を行うためには土の試料を採取する必要があります。浅い所の土や斜面の表面の土は、所定の深さまでスコップで掘って土の塊を採取するブロックサンプリング方法が適しています。これには四角いブロックに土を切り出しながら容器をかぶせていく方法と、チューブを押し込んでいく方法があります（図1）。簡単にかつ乱さない良質な試料が採取できます。

一方、深い層の土を採取するためにはボーリング孔を利用します。標準貫入試験用サンプラーで採取した土は乱れていますので、土粒子の密度、粒度特性、含水比、液性・塑性限界といった物理特性しか求まりません。力学特性を求めるためには、乱れの少ない試料を採取しなければなりません。そのためには土質に合った適切なサンプラーを選択し、採取から試験室への運搬までの過程で乱れないよう注意が必要です。軟弱な粘性土を採取する場合には、一般に固定ピストン式シンウォールチューブサンプラーを用います（図2）。所定の深さまで孔を掘った後、ボーリング孔底からサンプラーを静かに押し込みます。押し込み終わったらサンプラーごと静かに引き抜きます。そしてチューブを試験室に運び、試料を抜き出します。このサンプラーはチューブの厚さが薄いことと、ピストンでボーリング孔底を押さえながらチューブを押し込むことが特徴です。このことで採取時の試料の乱れを防いでいます。液状化するような緩い砂質土でも、この方法で乱れの少ない試料が採取できます。

一方、少し硬い粘性土や密な砂質土になるとこの方法ではチューブを押し込めないので、内側にチューブ、外側にカッターを付けた三重管サンプラーなどで、外側を回転させて掘削しながら内側のチューブに土を入れていく方法をとります（図3）。

また、さらに乱さないために、現地で土を凍らしてそれを採取する凍結サンプリングなど、特殊なサンプリング方法が開発されています。

要点BOX
- ●浅い所では簡単に試料採取できる
- ●土質を考慮したサンプラーを選択する
- ●土を凍結させるサンプリングも

図1　ブロックサンプリング

サンプリングが
乱れていると、正確な
情報は得られないので、
しっかり取り組むべき
工程だよ

図2　固定ピストン式シンウォールチューブサンプラー

図3　三重管サンプラー

29 地表からでも地下の状況を探れる

地盤は、風や波浪などの自然現象や、交通機関、工場の機械などの人工的振動など不特定多数の原因により常に振動しています。この振動を常時微動と呼びます。この振動や人工的に与えた振動を高感度の振動計で測定して、地盤の硬さを知ることができます。地盤を伝わる振動は、軟弱な地盤では遅く、硬い地盤では速いので、この伝播速度が求まれば地盤の硬さが推定できるわけです。

地盤を伝わる波は、表層に沿って伝わる波、表層から下方に伝わり下層の硬い層で反射してくる波、一旦下の硬い層に入ってその層を伝播した後、地表に戻ってくる波があります。これらの波（振動）を複数の振動計で測定し、振動の到達時間から表層の厚さや伝播速度が推定できます。

人工的に振動を発生させ、深さ20m程度までの浅い層だけの波の伝播速度を調べる方法として、表面波探査があります（図1）。これは、複数の感震器を地表に設置しておいて、ハンマーで打撃して振動を与え、各感震器に伝わってきた振動を測定し、地盤内を伝搬する表面波の速度を推定します。この方法では、振動を与えるのに地表をハンマーで叩く程度なので振動や騒音が少なく、最近宅地の調査によく用いられるようになってきました。

一方、地盤の常時微動を測定して地盤特性を調べる方法があります。常時微動測定は簡単で、地震時の地盤の揺れ易さも推定できます。かつては1台の微動計だけで測定していましたが、最近は複数の微動計をアレイ配置して測定して、その場所の深さ方向のせん断波（S波）の速度分布を推定できるようになってきました。この微動アレイ観測を多地点で行うと、2次元や3次元断面での地震応答解析に必要なせん断波速度分布を求めることもできます（図2）。

その他、地盤の電導度を測定して地下水位などを調査する電気探査などもあります。

地表からの探査

要点BOX
●伝播速度は地盤が軟らかいと遅く、硬いと速い
●振動の到達時間から表層の厚さなどを推定
●振動を起こす方法と、自然な振動を受信する方法

図1　表面波探査

地層の境界を判断し、地層ごとの伝播速度や硬さを調査します。

図2　微動アレイ観測によって推定した断面

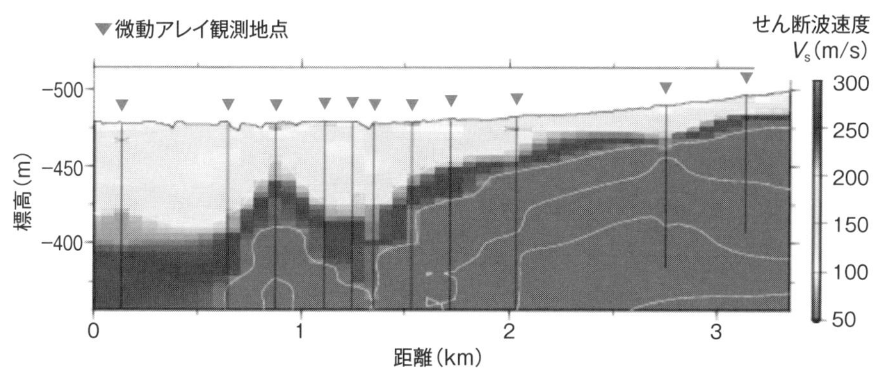

用語解説

アレイ配置：意図をもって三角形や円形に計測器を配置すること。

30 基本的な土の性質の試験方法

土の密度や粒径分布

鉄やコンクリートの材料に比べて、土は独特の定義があることは13項で述べましたが、これらを求めるために独特の試験を行う必要があります。

乱れの少ない試料をボーリング孔から採取した場合には、そこから供試体を切り出して体積および質量を測定して湿潤密度（湿潤単位体積重量）を求めます。その供試体を乾燥炉に入れて110℃で1日乾燥させた後に質量を測ると、乾燥密度および含水比が求まります。一方、盛土の施工現場で密度を測定するには、地表から穴を掘ってその土の質量を測定し、その後、その穴に入れた水や砂の体積を測り、湿潤密度を求めます（図1）。現場でより迅速に密度を測る別の方法としてRI計器を用いる方法もあります。これは微小の放射性同位元素を利用して地盤の密度を測定するものです。

これらは土全体の体積や質量でしたが、土粒子自体の密度を測定するためには別の方法が必要です。質量は簡単に測定できても個々の土粒子の体積は簡単に求まりませんので、ピクノメータといった特殊な容器を用います（図2）。

粒径加積曲線を描くためには、沈降分析やふるい分け試験を行います。沈降分析は細粒分の分布を、ふるい分け試験は粗粒分の分布を得るためです。ふるい分け試験では目の大きさが異なるふるいを上から大きい順に重ね、各ふるいを通過した試料の質量を全体の質量 m で割って通過百分率を求めて粒径加積曲線を描きます。

粘土のコンシステンシー限界のうち液性限界を求める場合は、所定の皿に試料を塗り付け中央に溝を切ります（図3）。そして皿をゴム台に1cmの高さから落下させて、25回の落下で溝が丁度くっつくような含水比を液性限界とします。塑性限界に関しては、ガラス板の上で試料を手でまるめ、直径3mm程度のひも状になるときの含水比を塑性限界とします。

要点BOX

- ●土の密度は体積・質量を測って求める
- ●粒径加積曲線は沈降分析やふるい分け試験から求める

73

図1　砂置換法による現場密度試験

図2　ピクノメータによる土粒子密度測定

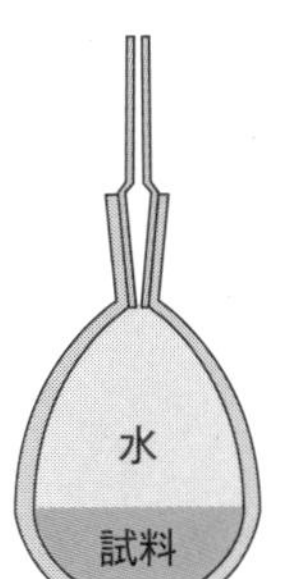

m_a：ピクノメータに水を満たしたときの質量
m_b：土粒子を水と一緒に入れ、煮沸によって粒子の間の空気を追い出したときの質量
m_s：土粒子を乾燥させた質量
ρ_w：水の密度
として、下記の式で土粒子密度ρ_sが求まる

$$\rho_s = \frac{m_s}{m_s + m_a - m_b} \cdot \rho_w$$

図3　液性限界を求める装置

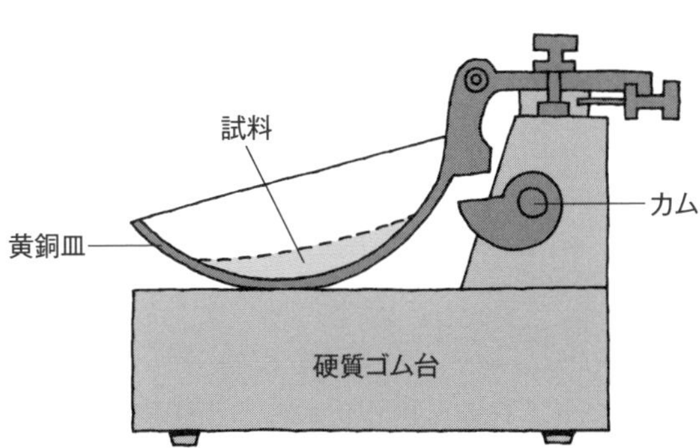

31 土の強さなどは精密な試験で求める

土の力学特性の試験方法

土の力学特性を調べる土質試験には種々ありますが、代表的なものは透水試験、圧密試験、一軸圧縮試験、三軸圧縮試験、繰返し三軸試験です。

透水試験には室内透水試験と原位置透水試験があります。室内透水試験では所定の円筒容器に試料の土を入れ、その上に水を満たすカラーを付けます（図1）。そしてカラー内の水位を一定に保ちながら供試体内に下に向かって水を流し、一定の時間の間に流れる水の量を測ります。この方法は定水位透水試験と呼びますが、ある程度水が流れる試料でないと測定できません。そこで、透水係数が小さい土に対しては、カラーの代わりに細いスタンドパイプを付けて、供試体内のわずかな水の流れをスタンドパイプ内の水位変化として読みとるようにした変水位透水試験を用います。一方、原位置透水試験では、ボーリング孔内に水を注入したり汲み上げたりしたときの水位の時間変化から透水係数を求めます。

圧密試験では試料を厚さ2㎝、直径6㎝の円盤状の供試体に整形し容器に入れた後、上部から所定の荷重をかけて、時間～沈下量関係を1日ほど測定します。そして、荷重の大きさを増加し、同じことを繰返して荷重～沈下量関係を求めます。

20項で前述しましたように、せん断強度定数c、ϕを得るためには三軸圧縮試験を行うのが最も良い方法です。この試験では円柱状に整形した供試体をゴム膜で包み、水平方向には水圧で、また鉛直には載荷板で拘束圧σ_0をかけておき、鉛直圧を上げていって供試体を破壊させます（図2）。3本の供試体に異なる拘束圧を与えて試験を行い、それぞれの破壊応力σ_fとσ_0で応力円を描きます。その包絡線が破壊線になりますので、これからせん断強度定数c、ϕを求めます。また、鉛直圧を単調に上げるのではなく、圧縮と伸張の繰返し圧力を与える繰返し三軸試験を行うと、液状化強度など繰返しせん断強度が得られます。

要点BOX
- 試料の性質によって選択する
- 透水性は透水試験、圧密特性は圧密試験で
- せん断強度は三軸圧縮試験で求めるのが最適

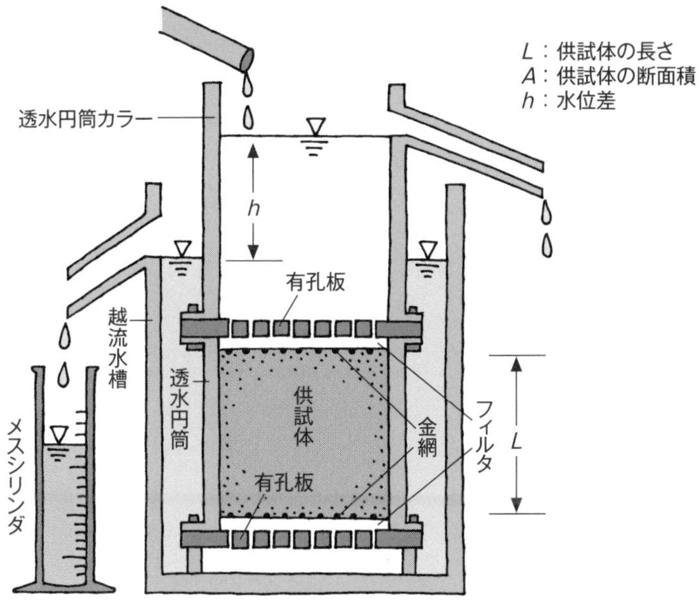
図1　定水位透水試験装置
L：供試体の長さ
A：供試体の断面積
h：水位差
透水円筒カラー
h
有孔板
越流水槽
透水円筒
供試体
金網
フィルタ
L
メスシリンダ
有孔板

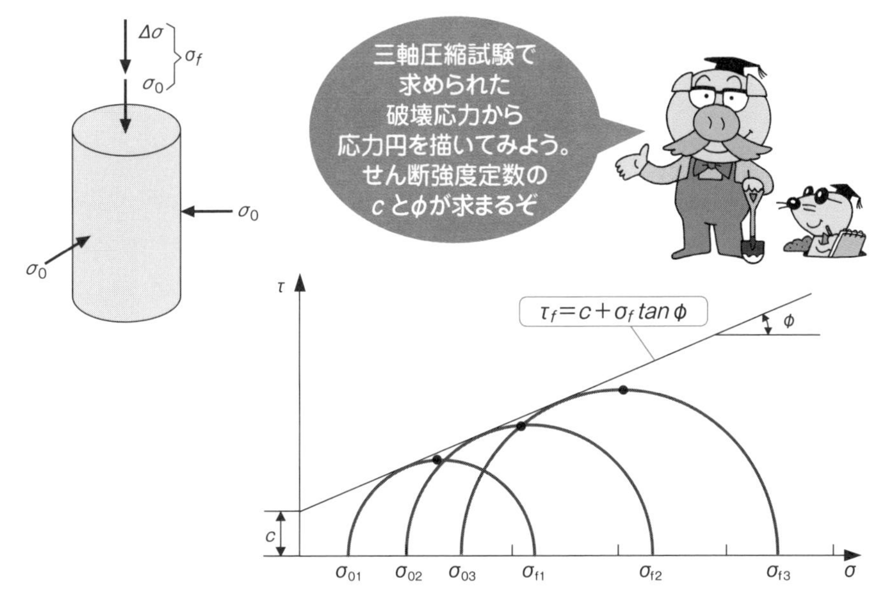
図2　三軸圧縮試験でc、φを求める方法
Δσ
σf
σ0
σ0
σ0
三軸圧縮試験で
求められた
破壊応力から
応力円を描いてみよう。
せん断強度定数の
cとφが求まるぞ
τ
τf=c+σf tan φ
φ
c
σ01
σ02
σ03
σf1
σf2
σf3
σ

32 地盤モデルの作成に利用

既存の地盤データの利用

我が国では今日まで多くの構造物が建設され、その度にボーリングおよび標準貫入試験が行われました。そこで、これらのデータを活用すれば、新しく構造物を建設するときの参考になり、地震時の揺れや液状化に対するハザードマップ（図1）の作成に利用することもできます。

そこで、過去に行われたボーリング資料を収集し、集大成した地盤図が各地で作成されています。当初は紙ベースで図書として作成されていましたが、コンピュータで利用し易いように、最近はデジタルデータで作成されています。これに含まれる情報としては、深さ方向の土質を示した柱状図、標準貫入試験の*N*値、地下水位が一般的ですが、さらに土質試験結果も含めたものもあります。なお、地盤図を作成してきた機関は地盤工学会や国土交通省、防災科学技術研究所などです。

収集したボーリング資料から、地盤モデルの作成も行われています。

例えば、地盤工学会では250mメッシュの地盤モデルを全国の主要な30余りの都市に関して作成し、公開しています。これを用いると、ある測線に沿った地質断面図も作成できます（図2）。主要な自治体でも同様な地盤モデルを作成し、地震時の揺れや液状化の発生の被害推定が行われるようになっています。さらに、収集したボーリングデータを基に、広域な3次元地盤モデルを作成し、スーパーコンピュータを用いて都市全体の揺れを解析することも行われ始めました。

このように情報公開が進んでいますが、大きな問題も抱えています。それは個々の宅地のデータです。これまで公開されてきたデータは、橋や学校など公共施設を建設するときに調査されたデータばかりです。宅地は個人のデータとして収集・公表されていません。したがって、ハザードマップには宅地のデータが含まれていないのが現状です。

要点BOX
- ●ボーリング資料を基にした地盤図
- ●紙からデジタル化へ
- ●地盤モデルも作成。災害時の被害推定が可能に

図1　福岡市で作成されていた液状化のゾーニングと2005年福岡県西方沖地震による液状化発生地点の簡略図

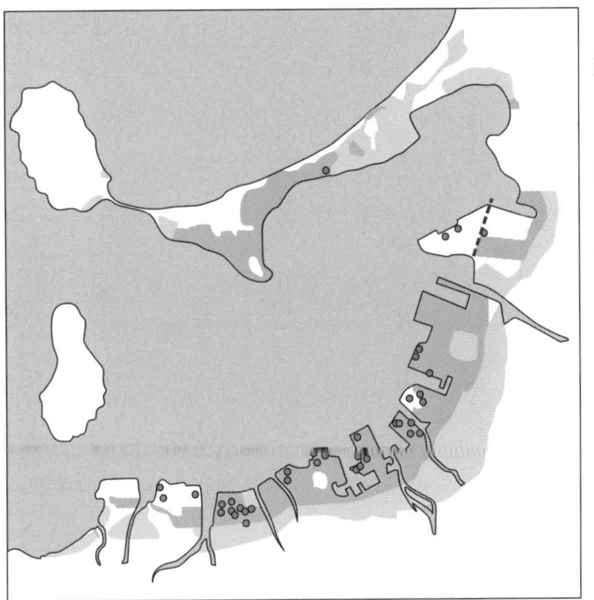

液状化が発生し場合によっては構造物が被害を受ける可能性がある地区（ゾーニング結果）

液状化は発生するが構造物は被害を受けにくい地区（ゾーニング結果）

ゾーニング当時の埋立境界

福岡県西方沖地震による液状化発生地点

図2　東京主要部の東西方向の地盤モデル

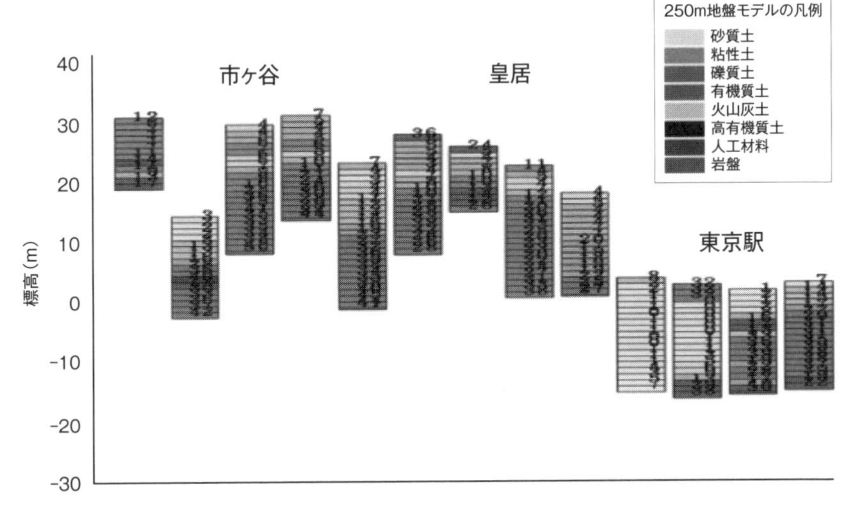

33 支持力を直接知る

原位置試験

構造物の支持力を原位置で直接求めるために、重要な構造物では原位置試験を行うことがあります。特に、杭基礎の場合には原位置載荷試験がよく行われます。杭基礎は通常数本の杭で支持しますが、そのうち1本の杭の支持力が分かれば、全体の基礎の支持力が求まります。そこで、通常1本の杭に対し鉛直や水平支持力を求める試験が行われます。

鉛直方向の場合には打設した杭の上に載荷装置を設け、ジャッキで押す方法が直接的な試験方法です（図1）。水平方向でも反力杭を打設しておき、そこからジャッキで押す方法が直接的な方法です。これに対し、鉛直方向に衝撃を与える杭の載荷試験もあります。また、打ち込み杭の場合には打ち込み時の衝撃から支持力を推定する方法もあります。

直接基礎の場合には、小さな架台基礎などを除いて、実際の基礎の大きさの載荷板で原位置載荷試験を行おうとすると、非常に大きな荷重をかける必要があり、現実的ではありません。そこで、例えば直径30㎝といった小さな載荷板を用いて載荷試験を行うことがあります。ただし、その場合には浅い層の支持力しか求まりません。

実物大の原位置試験以外に、ボーリング孔を利用して任意の深さで行う載荷試験があります。代表的なものは孔内水平載荷試験です（図2）。これはボーリングの所定の深度にチューブを入れ、それを加圧し孔壁を外に押して、そのときの圧力～孔壁の変位から水平方向の支持力や地盤反力係数を求めるものです。杭の水平載荷試験に比べて簡易であるため、広く用いられています。鉛直方向にも同様にボーリング孔の底に小さな直径の載荷板で載荷する方法もあります。ただし、まだあまり使われてはいません。

この他、岩盤をブロック状に切って直接載荷する試験や、発破や杭打設時の振動により原位置で液状化させる試験もあります。

要点BOX

- ●杭基礎で行われる原位置載荷試験
- ●ボーリング孔を利用した載荷試験はよく行われる
- ●原位置で液状化させる試験もある

図1　海上で行った杭の載荷試験

図2　孔内水平載荷試験

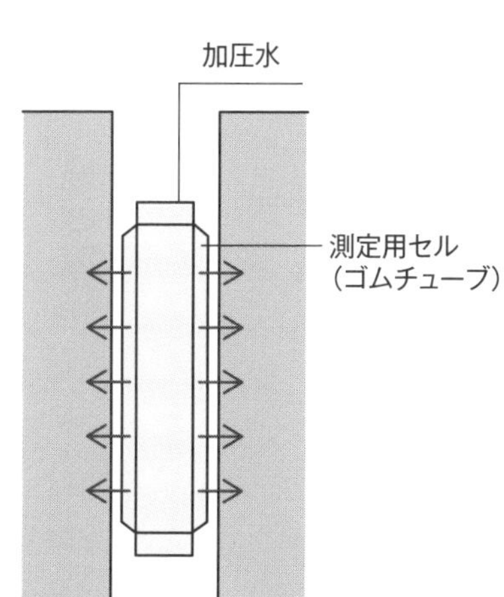

34 地盤の挙動を見る

模型実験

地震や豪雨時の地盤の挙動は住民からの証言などからしか分かりません。そこで、模型実験を行って破壊のメカニズムを検討し、また対策を施した場合の効果の検証が行われます。

地震に対して行われるのは振動台実験です。振動台の上に地盤と構造物の模型を載せ、実際に揺らして挙動を調べます。ただし、橋梁やビルなど実際の大きさのものを載せるのは困難です。

現在日本で最大の実験装置は、防災科学技術研究所のE―ディフェンスにある超大型震動台です。この震動台は20m×15mの大きさを誇り、水平2方向と鉛直の3方向に加振できる装置です。木造家屋ですと4棟を同時に載せて加振が行えます。深さ数mの地盤中に杭基礎を設置してその挙動を調べる実験も行えます（図1）。

このような大型の振動台実験は手間と費用が莫大にかかるため、小さな模型に対し、遠心場で加振する実験が世界中で多く行われています。例えば、1mの深さのモデル地盤に25Gの遠心力を加えて加振させると、25mの深さの地盤での挙動を調べることができます。

一方、豪雨時ののり面の崩壊に対しても大型の装置で実験されます。例えば、防災科学技術研究所の大型降雨実験装置では72m×44mの降雨範囲で実験が行えます。この装置を使って斜面崩壊の実験などが行われています。

このような実物大に近い大型の模型実験や遠心載荷実験は手間や費用の関係で数多くは行われませんが、数十cmや1～2m程度の大きさの土槽を使った模型実験は頻繁に行われています。土槽の正面をガラスやアクリル板にしておくと土の動きも観察できるので、直接基礎の支持力や斜面崩壊、擁壁の挙動、液状化による構造物の沈下・浮上がりといった多くの問題に対し実験が行われています（図2）。

要点BOX

- ●地震は振動台実験で。最大サイズは20m×15m
- ●遠心載荷実験は小型模型で行える
- ●豪雨は降雨実験装置で

図1　E-ディフェンスでの超大型震動台実験

図2　小型の振動台を用いた斜面安定対策の実験

35 難しい解析もコンピュータの発達で可能に

複雑な状況での解析方法

直接基礎や杭基礎の支持力、擁壁の安定性、斜面のすべりに対する安定性、液状化発生の判定と、ほとんどの地盤工学の諸問題に対しては、手計算で検討できる簡易的な手法が開発され、設計基準類で用いられています。したがって、通常の構造物の設計においては、特に手間のかかる解析を行う必要がないように感じると思います。

ところが、構造物が大きいとか複雑な場合、構造物が重要な場合には、構造物の施工中の安全性や施工後の変形状態などを知る必要があり、通常の方法では検討できなくなります（**図1**）。また、地震時の地盤や構造物の揺れ具合を検討する場合も、手計算では行えません（**図2**）。これらの場合は解析を行う必要が生じます。かつてはこのような解析を行うのは困難でしたが、コンピュータの発達に伴って今では手軽に行えるようになってきました。地盤の場合には有限要素法による解析が主ですが、地盤が土粒子から構成されているため、個別要素法による解析も行われるようになってきました。

ただし、地盤の解析は鉄やコンクリートに比べて容易ではありません。それは土の応力～ひずみ関係が非線形で、さらに拘束圧や間隙水圧の発生に影響されるといったことが主な要因です。これらを解析に組み込む方法に関しては数多く提案されていますので、解析にあたっては適切な方法を選ぶ必要があります。

さて、解析を行うためにはまず地盤と構造物をモデル化する必要があります。そのためには解析対象領域を設定し、地盤調査を行って土層断面を推定することから始めます。そして、乱れの少ない試料を採取し、三軸圧縮試験で応力～ひずみ関係を求めるなど解析に必要な物性を求めます。これらを精度良く行っておくことが信頼のおける解析結果を得るポントです。

要点BOX

- ●構造物によっては複雑な解析が必要
- ●計算機の発達で解析が手軽になってきたものの、地盤の解析は困難。精度の高い情報が必要

図1　護岸背後地盤が液状化して流動する影響を解析して杭基礎の断面を設計した例

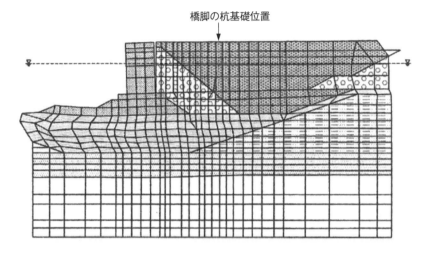

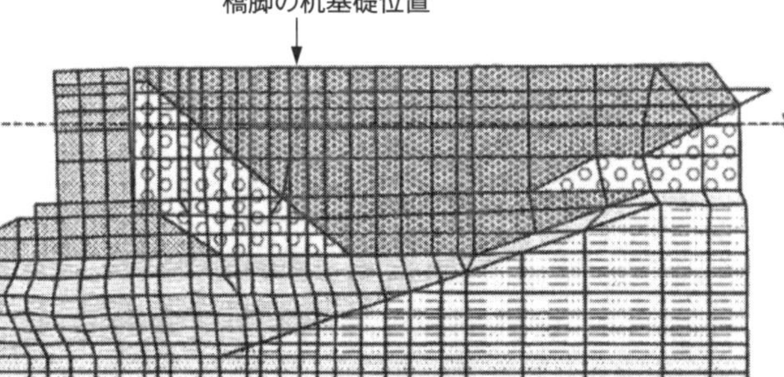

図2　軟弱地盤と周辺の硬い地盤の境界で地震によって発生するひずみを解析した例

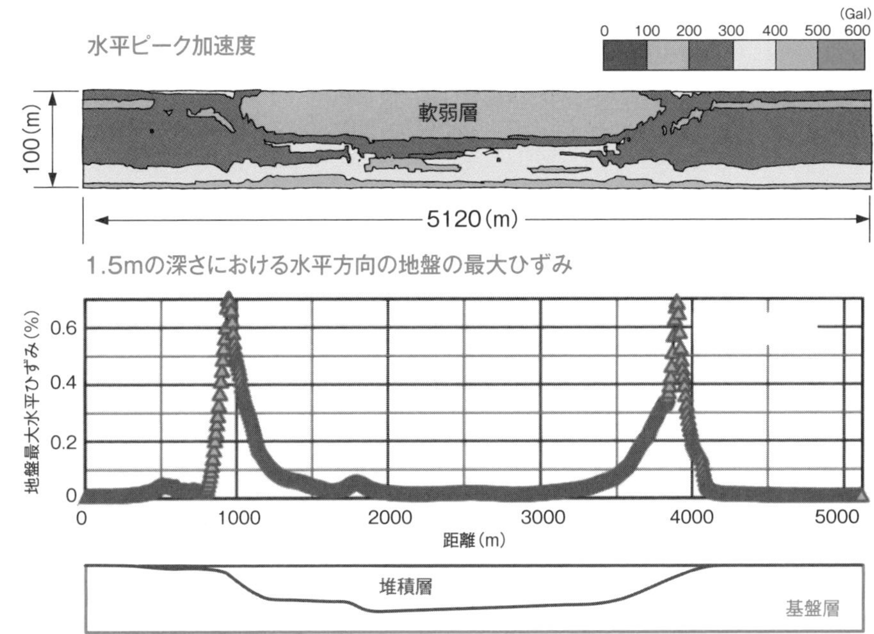

36 建設中に変状を測って安全な施工を

予測と実際の差異

詳細な解析を行うと信頼のおける構造物の設計ができると言えますが、それでも実際の地盤では、解析による予測沈下量と実測沈下量が異なったりします。また、構造物の施工中に予想していない変形やすべり破壊が生じることもあります。これは土の応力〜ひずみ関係が複雑なことに加え、地盤内の物性が不均質なことが多いことも影響しています。

そこで、構造物の施工の途中段階での動態（挙動）を観測し、安全性を確かめながら施工を続け、また最終的な変形量などを予測して工法を変更するといったことが行われます。

軟弱地盤上に高い盛土をする場合、盛土の載荷によって過剰間隙水圧が多く発生すると、急にすべり破壊が生じることがあります。この場合には盛土のり尻が外側に拡がりながら盛土が沈下したり、すべりますので、盛土の沈下量、盛土のり尻の水平変位量を測定するとその前兆が分かります。また、地盤内で発生する過剰間隙水圧や、のり尻直下地盤内の水平変位の鉛直分布も測定すると、さらに盛土の挙動がよく分かります（図1）。そこで、これらの項目を連続的に測定しながら、次の段階の盛土に進めるかどうかの検討が行われます（図2）。また、盛土を立ち上げる途中段階の荷重（盛土厚さ）〜沈下量関係から、盛土完成時の最終的な沈下量を推定し、必要な土量を確保したりすることも行われます。

地下室や地下鉄の建設のために深く掘削する場合にも、動態観測を行いながら施工を進めることがよく行われます。掘削の場合は土留め壁を先に打設し、掘削します。両側の土留め壁が全面に倒れないように切梁（きりばり）で水平方向に支えることも行われます。それでも掘削が進むにつれて、土留め壁は土圧で押されて変形し、切梁に加わる力も増します。そこで、土留め壁や切梁の変位や応力、地盤の沈下量などを測定しながら掘削が進められます。

要点BOX
- 確実に解析通りにいくわけではない
- 施工途中での観測と、その結果に対する工法の変更が重要

図1　軟弱地盤上に盛土を施工するときの動態観測例

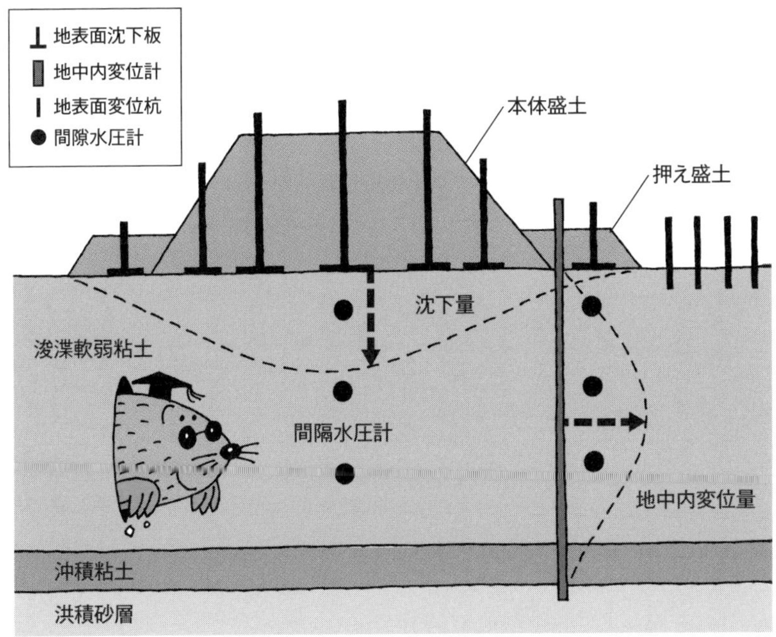

図2　盛土の施工途中の動態観測で破壊を予知する方法例

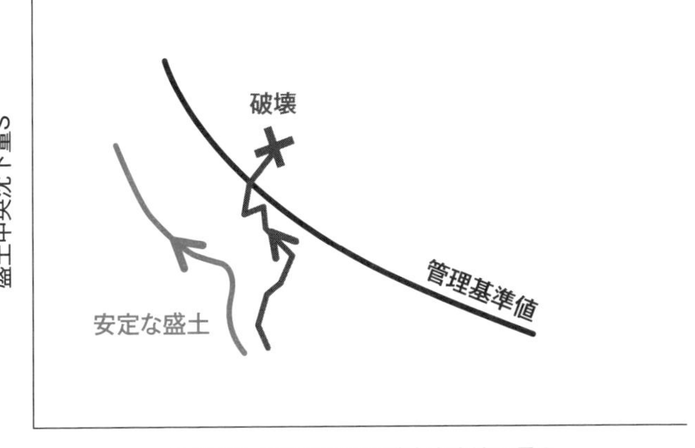

37 急速に利用が進む上空からの測定

航空写真から衛星画像、ドローン撮影へ

飛行機から撮影した写真で測量を行う航空写真測量は昔から行われてきました。1983年の日本海中部地震の際には、秋田県能代市の砂丘斜面で発生した地盤の流動変位量を求めるために、地震前後の航空写真で測量することが試みられました。そして、液状化による地盤の流動変位分布がこの方法で求まることが分かりました。その後、1995年の阪神・淡路大震災の際の液状化による岸壁・護岸背後地盤の流動変位分布など、しばしばこの方法が用いられるようになりました。

航空写真では、液状化した証拠の噴砂(ふんさ)なども確認できます。ただし、地震前後の変位量を求めるためには電柱やマンホールなどのターゲットが必要です。また、前提として飛行機を飛ばさなければなりません。

これに対し、最近は陸域観測衛星画像(合成開口レーダ画像)を使って干渉SAR画像を基に測量を行うことができるようになってきました(**図1**)。この場合は地上にターゲットがなくても良いので、等間隔の地点の変位量を求めることができます。

また、衛星は周期的に飛んできますので、地震前後の画像を手に入れることができます。さらに、夜間や雨天でも測定が行えますので、豪雨時の測定も可能で、地震のみならず豪雨時の地盤の変状の把握などにも利用できるといった可能性を秘めていると言えます。今後、種々の利用が進んでいくと考えられます。

この他、手軽に上空からの写真撮影ができる方法として、ドローンの活用が急速に進んできました。これにより、施工中の地盤や構造物の変位を測定し、管理を行うことが簡単に行えるようになっています。

また、造成の現場でGPSを施工機械に装着して施工管理を行ったり、地すべり地や斜面で変位量をGPSで測定し伸縮計などの情報と一緒に携帯電話で送信するなど、様々な技術が開発されてきています。

要点BOX

- 地震前後の航空写真の比較による測量
- 衛星による測量は夜間や雨天時でも可能
- GPSを機械に装着し、施工管理も

図1　合成開口レーダ画像によって熊本地震による地盤の変位量分布を推定した事例

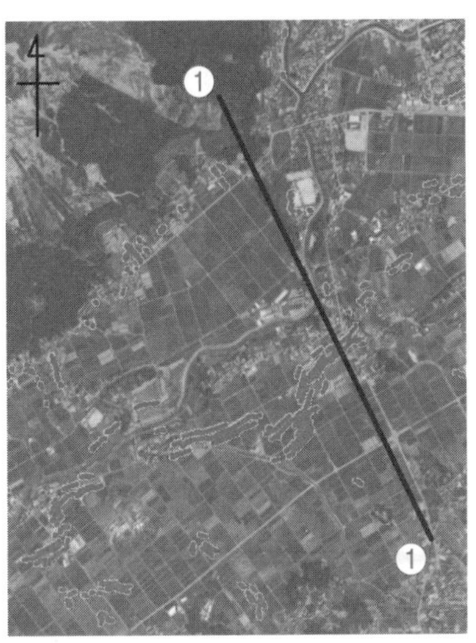

国土地理院による亀裂（多くは帯状陥没）分布図と測線

発生した帯状陥没

狩尾地区　測線沿い水平変位分布

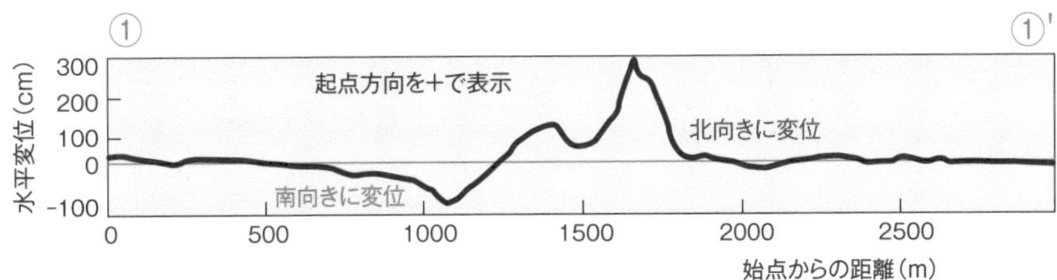

狩尾地区　測線沿い鉛直変位分布

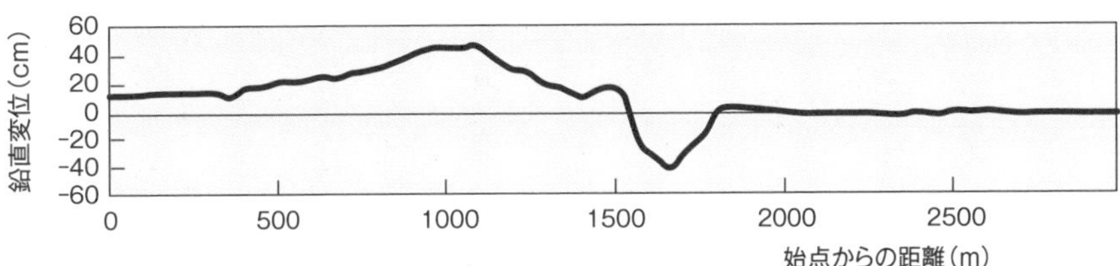

用語解説

干渉SAR：同一の場所に対しレーダー観測を２回以上行い、それらのデータの差をとることで測定の精度を高める。

Column

阿蘇カルデラ内の複雑な地盤を解明

熊本県の阿蘇のカルデラは南北25㎞、東西18㎞と世界最大級の広さです。その中に中岳などの、涅槃像に見える阿蘇五岳があります。このカルデラは約27万年前から9万年前までに起きた4回の火砕流の噴出に伴う活動で形成され、その後五岳が形成されたと考えられています。現在、カルデラ内は広い盆地状の平らな土地になっていますが、その地下は噴火やその後の土砂の堆積にともなって、深部まで大変複雑な構造になっていると考えられています。

2016年に発生した熊本地震のとき、そのカルデラ内の平らな地盤で、37項に示しますように幅50m、深さ1～2mの帯状陥没が各地で発生し、そこに建っていた住宅が甚大な被害を受けました。このような被害は近年報告されたことがなく、そのメカニズムを調べ復旧方法を検討するため、著者を含む11人が科学研究費の補助を受けて詳細な調査を行ってきました。調査結果の一部を第3章の図でいくつか示しています。

調査では、まず、地震により各地の地表面がどちらの方向にどれほど動いたのかを広い範囲で調べてみようと、人工衛星からの合成開口レーダ測量によって調べてみました。その結果、外輪山を含む阿蘇全体といった広い範囲で北の方向に数十cm程度動いていましたが、カルデラ内ではさらに局所的に大きく動いた箇所もありました（37項）。次に陥没区間およびその両側の地表～深度約15mまでの表層地盤状況を連続的に調べるために表面波探査を行ったところ（29項）、陥没区間では両側に比べて表層の地盤が緩んだままになっていることが分かりました。

陥没が発生した地域では9000年前頃には湖が形成されていることが地質学の方で分かっていましたので、50m程度と深い湖の底面がどのような分布をしているのか、微動アレイ観測を401地点で行い、断面を推定しました（29項）。そして、地盤の力学特性を詳細に調べるため、代表地点を選び、ボーリング、標準貫入試験、乱れの少ない試料の採取、PS検層を行い、採取した試料からは各種の土質試験を行いました。

これらの結果、湖の底がお椀状になっており、そこに堆積した湖成層のせん断剛性が地震動によって砂地盤の液状化と同じように低下し、中央部に回り込むように変形し、かつての湖の縁付近に水平の引張力が働いて陥没が発生したと結論を出すことができました。

地盤改良と盛土・斜面補強

38 改良や補強すると土は強くなる

地盤改良と補強の種類

地盤上に構造物を造る場合、地盤が軟弱ですと構造物が沈下したりして建設できません。この対処として杭基礎で支持する方法がありますが、地盤自体を軟弱なものから堅固なものに変える地盤改良を施す方が経済的なことが多々あります。

地盤が軟弱と一口に言っても、粘性土で軟弱な場合と砂質土で緩い場合では、地盤の改良目的や方法が異なります。軟弱粘土地盤では構造物の建設にあたって支持力が不足したり、圧密沈下によって過大な沈下量が発生しますので、間隙水を絞り出したり、セメントを混ぜて硬くします。緩い砂地盤では構造物の建設はできても、その後の地震で液状化して支持力を失うことがありますので、建設前に地盤を締め固めて土粒子の噛み合わせを良くするなどして、液状化しない地盤に改良します(**図1**)。

従来、地盤改良は軟弱粘土地盤を対象に行われてきたので、粘土地盤の圧密促進や強度増加を目的に種々の工法が開発されてきました。一方、1964年新潟地震で緩い砂地盤の液状化問題が認識されるようになってからは、地盤を締め固めて液状化を防止する工法などが数多く開発されてきました。

道路や鉄道、造成宅地を建設する場合、盛土のり面や切土のり面が発生します。盛土のり面で勾配をきつくせざるを得ないとか盛土高が高いといった場合、締固めだけでは盛土の安定性を確保できなくなるので、盛土内に補強材を入れて盛土する補強盛土工法が近年盛んに行われるようになってきました。擁壁でも同様な補強土壁工法が多く用いられるようになってきています(**図2**)。

一方、切土のり面においては、モルタル吹付やのり枠工などによる斜面保護工、地下水排除工などの抑制工でのり面の崩壊が防げない場合には、のり面に鉄筋を挿入して表層の崩壊を防ぐ抑止工で対処しています。

要点BOX
- ●粘土と砂で地盤の改良目的・方法は異なる
- ●盛土や擁壁では補強材による補強工法が盛んに
- ●切り土のり面では抑止工などで対処

図1　砂地盤の改良を行っている風景

広い敷地

狭い宅地

図2　盛土のり面における補強土による復旧事例

地震による道路盛土のり面の被害

補強土擁壁による復旧

図 2 は国道の
盛土のり面だよ。
山地を切り開いたり、
谷間を走る道路や線路を
守るために盛土の補強は
必要不可欠なんだ

日本にはこうした
箇所が多いです。
対処もメンテナンスも
手が抜けないですね

39 軟弱粘土地盤の改良

圧密沈下への対策

軟弱粘土地盤に地盤改良を施して建設している構造物はたくさんありますが、最も多い道路盛土を対象にして説明してみます。軟弱粘土地盤上に盛土を行う場合に注意しないといけないことは、施工後も長期にわたって続く圧密沈下と、施工中や施工後に発生するすべり破壊です。

軟弱粘土地盤では土の透水性が悪いため、圧密沈下が長期間続きます。圧密沈下がいつまでも続くと盛土完成後でも道路の供用を開始できません。そこで、透水性の良い材料を地盤内に入れて圧密沈下を早く終わらせる地盤改良が古くから行われてきました。その代表的なものがサンドドレーン工法とペーパードレーン工法です。

サンドドレーン工法の場合にはケーシングパイプを地盤内に所定の深さまで打ち込み、その中に砂を投入して、その後ケーシングパイプを引抜いて砂の柱を地盤内に設置します（**図1**）。ペーパードレーン工法では打設管を用いてドレーン材を地盤内に設置します。この他にプラスチックドレーンもあり、総称としてバーチカルドレーン工法と呼んでいます。

バーチカルドレーン工法では、ドレーンを所定の間隔で設置したのち表層に敷砂をし、盛土を行います（**図2**）。その盛土の荷重が軟弱粘土に加わって過剰間隙水圧が発生します。それがドレーン材および敷砂を通って排水されますので、圧密が早く終了します。なお、圧密終了時間は短縮されますが、圧密沈下量は減るわけではありません。また、圧密が終わった軟弱粘土は強度が少し増します。

盛土荷重以外に、大気圧を圧密荷重として利用する工法もあります。この工法では地盤表面を密封シートで被覆し、真空ポンプでシートと地盤の間に負圧を生じさせて圧密を行います。負圧荷重は、通常50～80 kN／m²程度です。

要点BOX
- ●道路盛土では圧密沈下とすべり破壊に注意する
- ●サンドドレーン工法とペーパードレーン工法
- ●載荷は盛土か負圧で

図1　サンドドレーン工法の手順

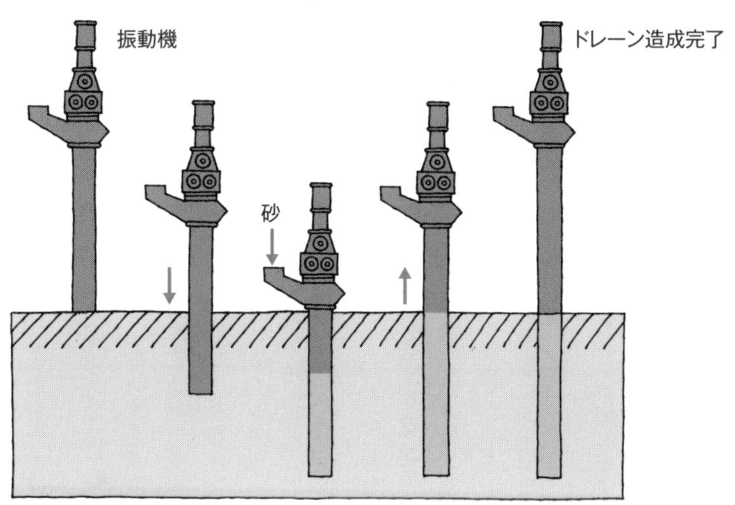

ドレーンは排水のこと。
サンドドレーン工法では砂、
ペーパードレーン工法では
プラスチックや生分解性
プラスチックなどが
ドレーン材だよ
ドレーン材って
なんですか?

図2　バーチカルドレーン工法での載荷方法

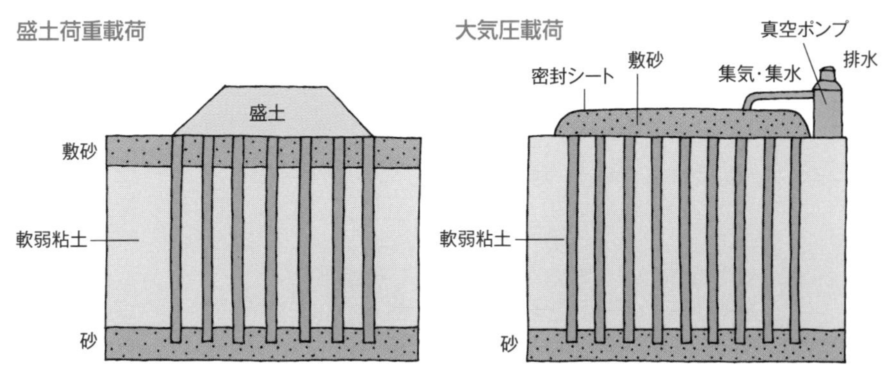

40 軟弱粘土地盤でより一層強度を増す方法

すべりの防止、支持力を増強

バーチカルドレーン工法でも圧密に伴い軟弱粘土地盤の強度は少し増加しますが、より一層強度を増加させて盛土のすべりを防いだり、建物の支持力を増す方法が種々開発されてきています。

まず、施工に時間はかかりますが、安価な方法としてプレロード工法があります（**図1**）。この方法では、設置する構造物より少し大きな荷重の盛土を行い、圧密がほぼ終了するまで放置します。これにより軟弱地盤は圧密沈下します。その後、盛土を除去し、構造物を建設します。構造物の荷重の方が盛土荷重より小さいため、すでに受けている荷重内（つまり過圧密領域内）での載荷となり、構造物は沈下しません。

地盤にセメントを混ぜると、勿論強度は増加します（**図2**）。表層だけを固結させるには、バックホーやパワーブレンダーといった比較的簡易な機械で施工できます。一方、深層まで改良するには攪拌翼方式（**図3**）か噴射方式でセメントを混合します。

その他、サンドドレーン工法に似ている、砂杭を拡径し強くする締固め砂杭工法もありますが、このことについては41項で説明します。また、盛土の施工に時間をしっかりかけて、過剰間隙水圧があまり出ないようにして地盤の安定を図る緩速施工工法などもあります。

以上は地盤を対象にした軟弱粘土地盤の対策方法ですが、盛土を対象にしても圧密沈下やすべり破壊の対策が施せます。まず、盛土自体の重量を軽くすれば圧密沈下やすべり破壊が防げます。これには発泡スチロールやエアモルタルなど軽量な盛土材を用いており、軽量盛土工法と呼んでいます。盛土施工時に、42項で後述します補強材を用いますと、すべり破壊を生じ難くできます。また、用地に余裕がある場合には、盛土本体の側道部に低い盛土を行えばすべり破壊し難くできます。これを押え盛土と呼びます。

要点BOX
- ●構造物より大きな荷重の盛土で圧密する
- ●地盤にセメントを混ぜる
- ●盛土自体を軽くしたり押え盛土する

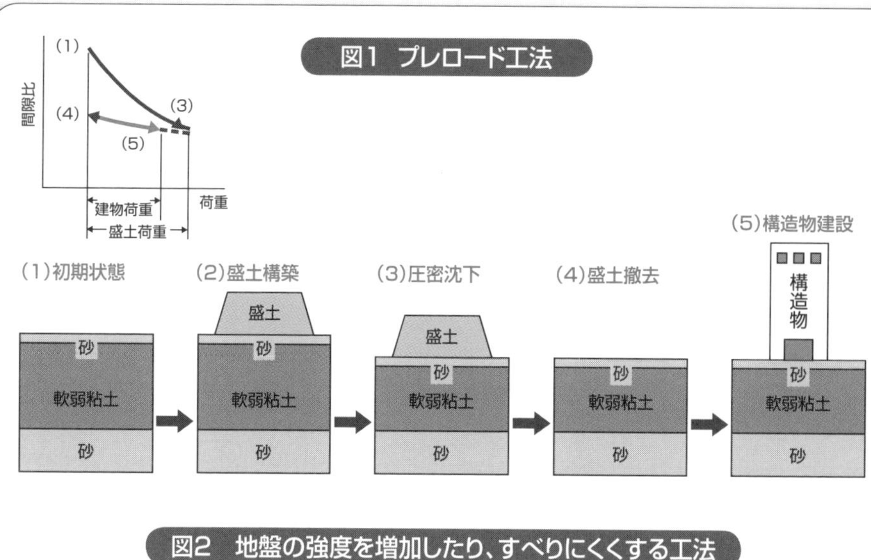

図1 プレロード工法

図2 地盤の強度を増加したり、すべりにくくする工法

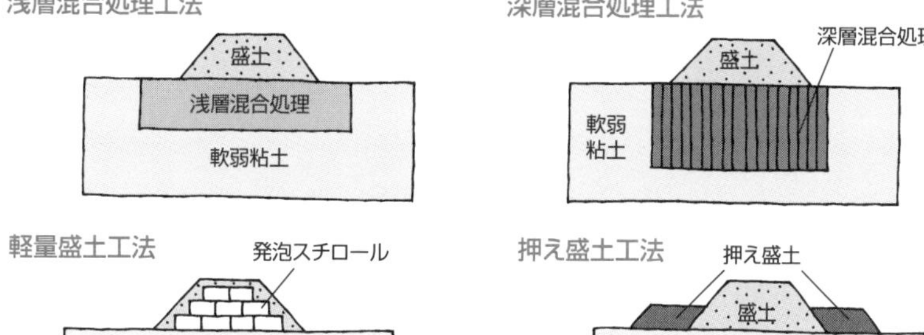

図3 攪拌翼方式による深層混合処理工法

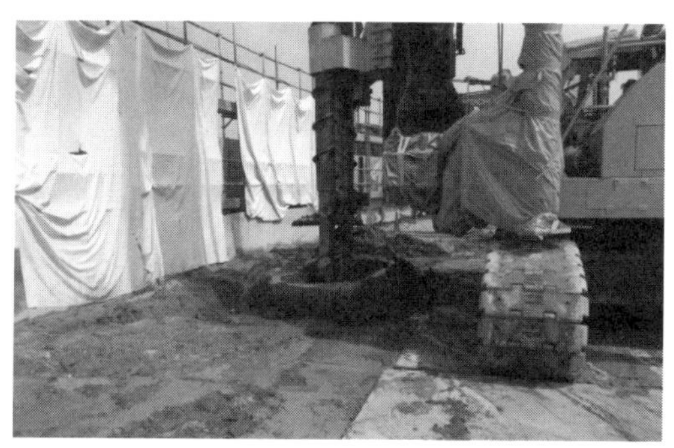

41 砂地盤の改良

液状化への対策

砂地盤は軟弱粘土地盤に比べて強度が大きいので、緩くても軽い構造物は一般に支持できます。ところが地震を受けますと緩い砂地盤では液状化しますので、これに対する地盤改良を行う必要があります。液状化による被害が発生し易い地盤の条件は、53項で後述しますように、①砂質土が②緩く堆積し③地下水位が浅い場合のため、いずれかの条件がなくなると液状化しなくなります。

1964年新潟地震以降、まず②の条件をクリアするように地盤を締め固める方法が多く開発されてきました。日本で最も多く用いている工法は締固め砂杭工法です。39項で前述したサンドドレーン工法と同様に、ケーシングパイプを地盤内に押し込みその中に砂を入れますが、その後引上げとうち戻しを繰返し行い、砂杭を拡径して周囲の地盤を締め固めます（図1）。

緩い砂地盤の場合は振動を加えると締まり易いので、振動を利用した方法も多く開発されてきました。地盤内にロッドを振動させながら貫入するロッドコンパクション工法や、10～25tもある重錘を10～25mの高さから落下させて締め固める動圧密工法、表層だけをタンパーでたたく工法などがあります。

①に関してはセメントを混ぜて固結させる工法が多く用いられています。これには軟弱粘土地盤対策と同様に、深層混合処理工法や表層混合処理工法があります。また、盛土や掘削した箇所の埋め戻しにあたって事前にセメントを混ぜる方法もあります（図2）。

③に関しては地下水位を下げる方法があります。個々の構造物下だけでなく、地区全体でも行われています（図3、55項）。また、地震で揺れている最中に発生する過剰間隙水圧をいち早く消散させて、液状化に至らなくさせる方法もあります。代表的な工法としては地盤内に礫杭を設置したり、地中構造物の周囲に礫を設置するグラベルドレーン工法があります。

要点BOX

- 液状化被害は①砂質土②堆積が緩い③地下水位が浅い―の条件が揃った場合に発生
- 1つでも条件を揃わなくさせるのが液状化対策

図1　締固め砂杭工法の手順

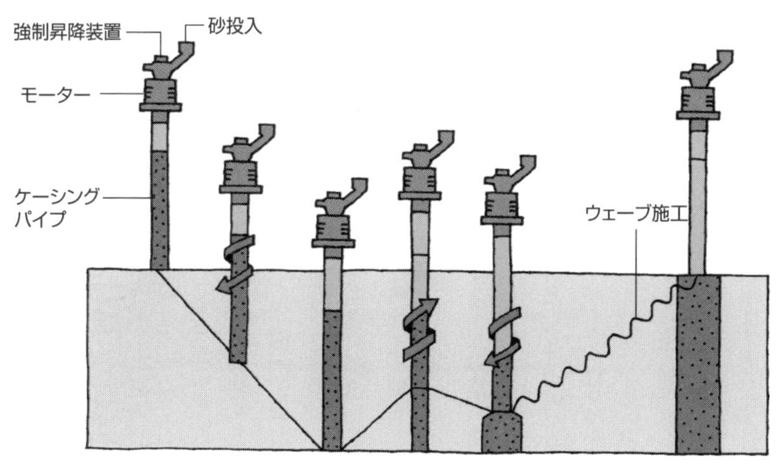

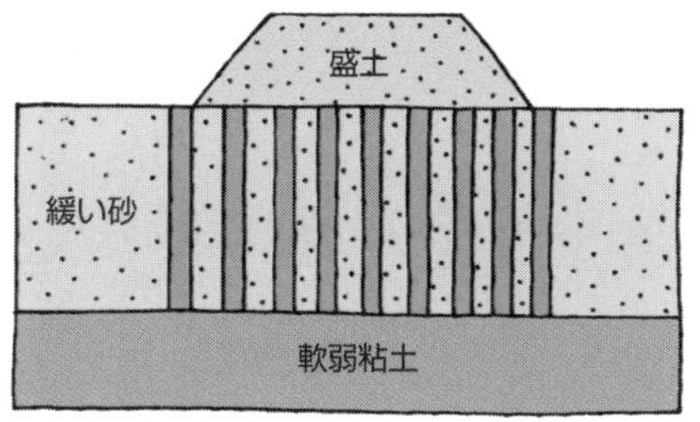

図2　土にセメントを混合

図3　地下水位低下用の排水管を敷設

42 補強材を用いた土の補強

すべりへの抵抗力と盛土の安定性

鉄筋コンクリートでは、引張り強度が小さいコンクリートに対し、引張り力が働く箇所に鉄筋を入れて補強していますが、土でも布などで補強すると強くなります。そこで、盛土内、擁壁背後地盤、盛土と軟弱地盤との間に補強材を施工時に敷設して補強します（図1）。補強材としては織布・不織布、ジオグリッド（高分子材料）などのジオテキスタイルと呼ばれるものや、帯鋼、アンカープレート付鉄筋、金網が使われています。

盛土補強では補強材として一般にジオテキスタイルが用いられます。盛土がすべろうと変形するときに補強材には引張力が働き、それがすべり面に対する拘束力を増して、すべりに対する抵抗力として働きます。そこで、設計にあたっては、補強材の破断、補強材の引抜け、補強領域の外側を通るすべり面、のり面部の抜出しや転圧補助効果の破壊モードを考慮し、検討します（図2）。

用地の制約により鉛直、あるいは急勾配盛土を構築する場合に擁壁は用いられますが、一般に用いられている重力式やコンクリート式の擁壁では、水平方向に加わる土圧を自重などの鉛直方向で抵抗するものです。

これに対し、補強土壁工法では盛土内部に引張補強材を水平方向に設置し、壁面工と定着することにより、盛土内の水平方向の伸びひずみの発生・発達を拘束して、盛土の安定性を高めます。補強材としては帯鋼やアンカープレートなどの鋼製のものや、ジオテキスタイルが用いられます。設計にあたっては、補強材の引抜けや壁面工との定着に対する内部安定の検討と、補強土壁全体の滑動、転倒、支持力、すべりに対する外部安定の検討を行います。

なお、盛土を強くする方法としては、この他に、含水比の高い土で盛る場合に排水材を敷く排水補強や、短繊維を混合する補強工法もあります。

要点BOX

- ●盛土内、擁壁背後、盛土と地盤間を補強
- ●補強材は繊維や金属、高分子材料など
- ●補強材の破断なども考慮し設計する

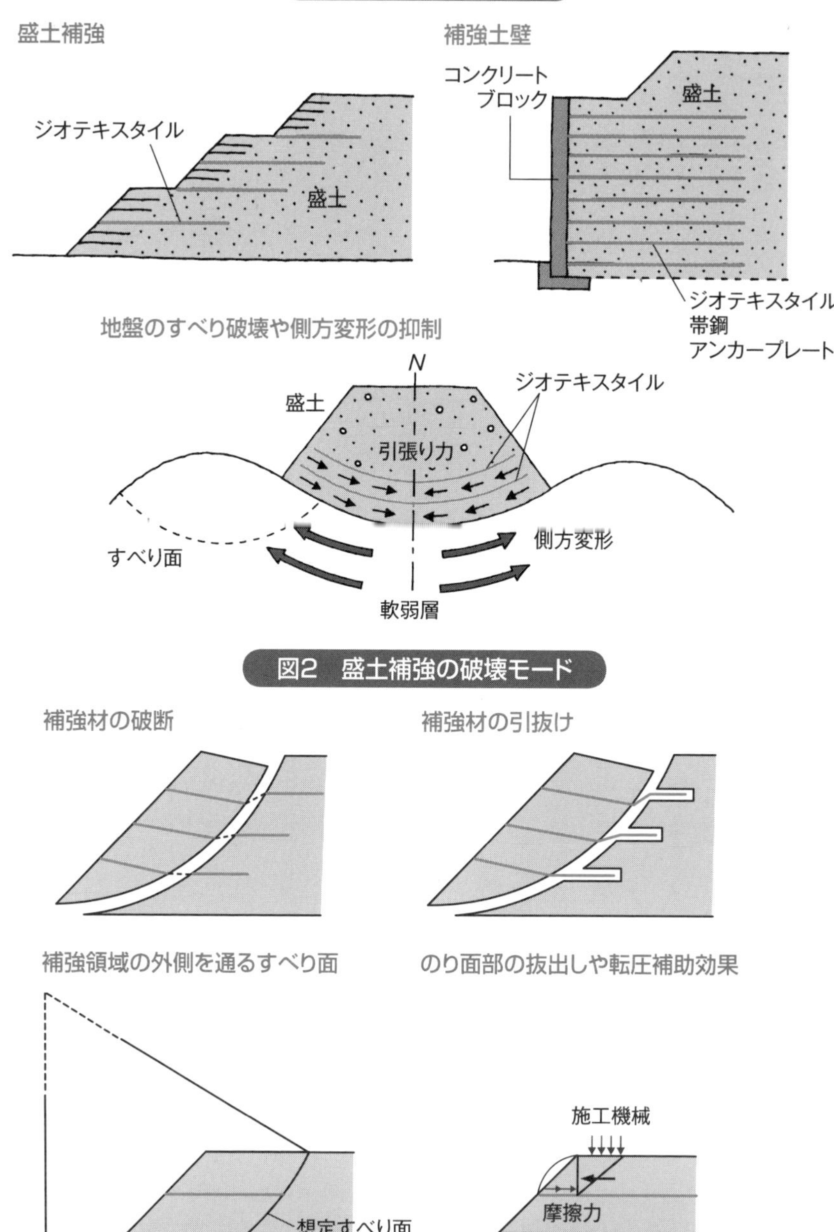
図1　補強土の種類
盛土補強
ジオテキスタイル
盛土
補強土壁
コンクリート
ブロック
盛土
ジオテキスタイル
帯鋼
アンカープレート
地盤のすべり破壊や側方変形の抑制
N
盛土
ジオテキスタイル
引張り力
側方変形
すべり面
軟弱層
図2　盛土補強の破壊モード
補強材の破断
補強材の引抜け
補強領域の外側を通るすべり面
想定すべり面
のり面部の抜出しや転圧補助効果
施工機械
摩擦力
作用土圧
摩擦力

43 斜面の補強

崩壊への対策

山地が多い日本では道路、鉄道沿いに無数の自然斜面、切土斜面が存在します。この中には豪雨や地震によって崩壊し易い斜面が多くありますが、すべての斜面に対策をとるのは不可能です。そこで、地山が①侵食に弱い土質、②固結度の低い土砂や強風化岩、③風化が速い岩、④割れ目の多い岩、⑤割れ目が流れ盤となる岩、⑥構造的弱線を持つ地質などを選んで、種々の対策が施されています。

この対策は抑止工、抑制工、斜面保護工に大別されます。抑止工は斜面の崩壊を直接食い止める方法です。これにも擁壁を設けて崩壊を食い止める方法、斜面に鉄筋を挿入して表層の崩壊を食い止める工法（図1）、さらにアンカーを深く挿入して斜面のすべりを食い止めるグラウンドアンカー工法（図2）、杭で食い止める方法などがあります。

抑制工はすべり難くする方法です。地下水位を下げるとすべりに対して安定するため、水位を下げる方法が広く用いられています。この方法には、上流から流れてくる表面水や地下水をすべりが予測される斜面内に入れないようにする地表水排除工と、地下水遮断工に加え、（水抜き）ボーリングなどを設けて地下水を排除させる地下水排除工があります（図3）。

斜面保護工はのり面の安定を保つ方法です。これには落石防止ネット、落石防止柵、モルタルによる吹付け、コンクリートのり枠による抑えなど多数あります。このうち、モルタル吹付工は岩盤斜面の風化を防ぐ目的で日本では数十年前から数多くの斜面に適用されてきました。ところが、年月を経ると岩盤表面と吹付けの間に地下水位がはいり込み浮いた状態になって、豪雨や地震などで崩れるケースが生じ始めています。

なお、気候変動に起因して豪雨時の崩壊が多発するようになってきたので、「斜面直下には住まない」といったソフト対策も必要と考えられます。

要点BOX
- ●特に崩壊し易い斜面から対策をとる
- ●大きく分けて抑止工、抑制工、斜面保護工
- ●対策から年月を経ると豪雨、地震で被害も

101

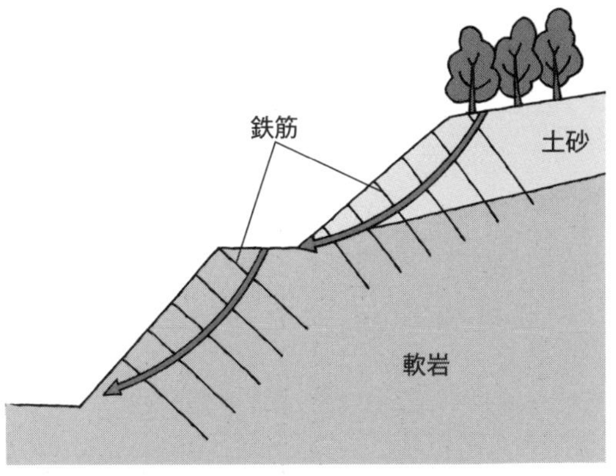
図1　鉄筋を挿入する工法
鉄筋
土砂
軟岩

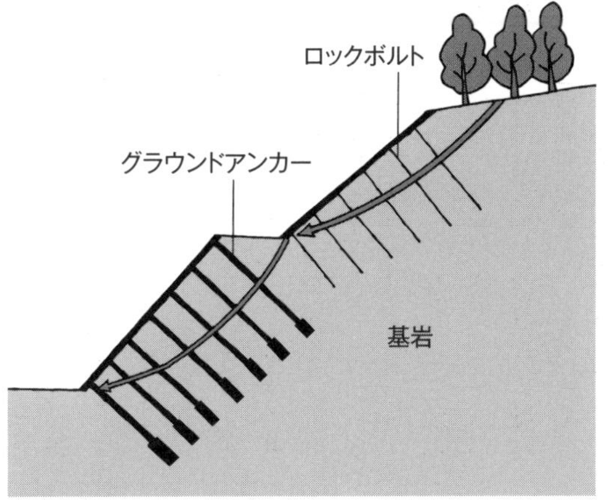
図2　グラウンドアンカー工法
ロックボルト
グラウンドアンカー
基岩

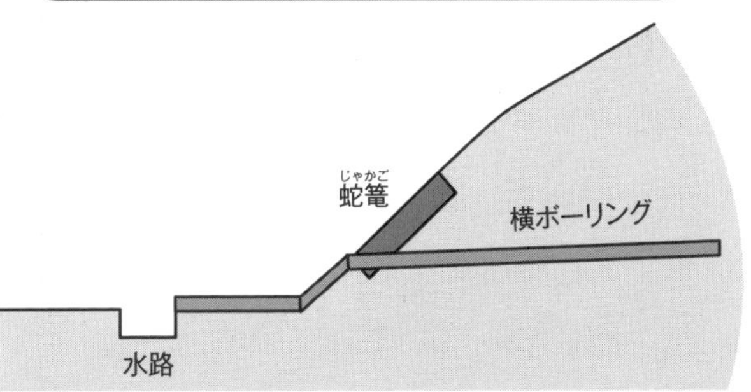
図3　横ボーリング工による地下水排除工
蛇篭（じゃかご）
横ボーリング
水路

Column

液状化対策の歴史

道路や河川堤防工事現場で「おばけ丁場」といった怖そうな言葉が使われています。決してお化けが出てくる場所ではなく、盛土を行った当日は形を成していても、翌朝行ってみると盛土が跡形もなくなっている、といった現場です。これは地盤が泥炭のように軟弱なためですが、先人の方々はいろいろ工夫をしながら盛土を完成させてきました。地盤改良もこのような軟弱粘土地盤を強くするところから始まりました。

一方、砂地盤は緩くても粘土地盤よりは強く、ある程度の荷重の構造物まで支えることができますので、家屋などはそのまま建ててきました。これに対し、1964年の新潟地震は、緩い砂地盤も地盤改良することが必要なことを認識させました。それは緩い砂地盤は常時は強くても、地震時に液状化して急激に弱くなるからです。

その後、締固め工法から始まって固結工法など数多くの工法が開発され、今ではほとんどの構造物の建設にあたっては液状化対策が施されるようになってきています。

ところが、2011年東日本大震災では液状化によって東京湾岸の埋立地などの戸建て住宅が数多く被害を受けました。これは戸建て住宅を建てるときに液状化の検討および対策を行っていなかったからです。もちろん新潟地震の際も、それ以降の地震の際にも戸建て住宅は液状化で被害を受けていましたが、あまり着目されてきませんでした。震動による被害は家が倒壊するなど見ただけで大変だと分かるのですが、液状化による被害では窓ガラスが割れるわけでもなく、家が少し沈下し傾く程度で、大した被害に見えません。

家屋の被害の実態が明らかになったのは2000年鳥取県西部地震のときです。米子の安倍彦名団地で多くの家が液状化によって傾きましたが、1／100程度以上傾いた家の中に住んでいると眩暈や吐き気などが生じることが明らかになりました。そこで、2011年東日本大震災の後に内閣府から沈下量と傾きから被害の程度を判断する新しい基準が示されました。それによりますと、例えば10／1000以上傾くと半壊と判断されます。このように被害の実態は明らかになってきたのですが、戸建て住宅用の対策工法の開発は遅れています。

第5章 地盤工学と建設

44 即時沈下、圧密沈下、支持力を検討

浅い基礎

戸建て住宅や倉庫などの軽い構造物では、一般に地盤の上や少し地盤を掘った場所に構造物を直接載せます。また、中層ビルや橋梁、タンクなどの重い構造物でも、浅い所に締まった砂層がある場合には浅い基礎が用いられます。ビルのように底面積が大きい場合には、平らな基礎のべた基礎が用いられます。一方、橋脚や塔のように底面積が狭い場合には、基礎の接地面積をなるべく広くするため、フーチングを設けます（**図1**）。タンクでは地盤の支持力を大きくするために地盤改良もよく行われます。

浅い基礎の設計にあたって検討すべき項目は、即時沈下、圧密沈下、支持力、地震時の液状化です。締まった砂地盤では即時沈下量は通常大きくないので、地盤を弾性体と仮定して沈下量の推定を行います。

圧密沈下は長期間にわたって大きく沈下することがあり（**図2**）慎重に検討が必要なので、乱れの少ない試料を採取し圧密試験を行います。そして、時間～沈下量関係を推定するための圧密係数C_Vと最終沈下量を推定するための圧縮指数C_Cなどを求め、これらから沈下量の時間変化や最終沈下量を推定します。これらが許容値に収まらない場合には、地盤の改良や杭基礎への変更、あるいは構造物の荷重を減らす必要が出てきます。

支持力は支持力理論に従ってせん断抵抗角やN値などから推定します。そして構造物の荷重が許容支持力以内に収まることを確認し、不足する場合は圧密沈下での対策と同様の対処を行います。なお、表層に締まった砂層があるもののその下部に軟弱な粘土層があるような場合には、下部の粘土層のために圧密沈下や支持力不足が生じることがありますので、検討を忘れないことが大切です。

地震時の液状化に関しては、一般に標準貫入試験のN値や、細粒分含有率などから簡易に判定し、対策が必要な場合には地盤を改良したり、杭で支えます。

要点BOX

- 軽い構造物は直接載せる。重い構造物は浅い箇所に締まった砂層があれば浅い基礎を用いる
- 沈下、支持力、液状化を検討

図1　浅い基礎の種類

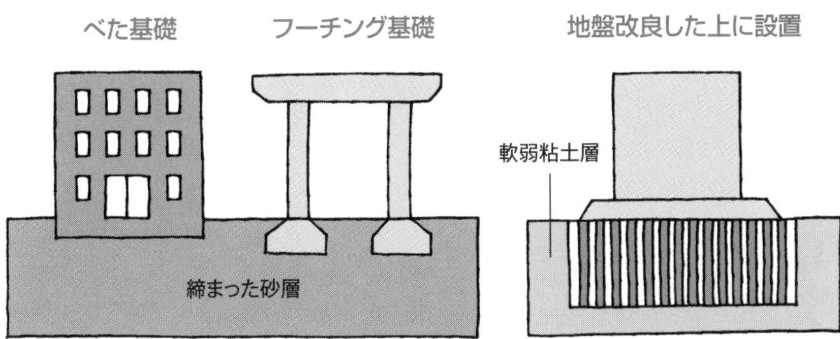

図2　沈下が長年継続したピサの斜塔

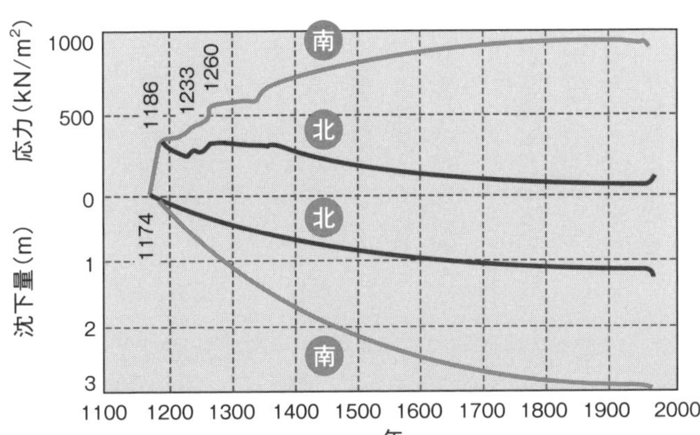

45 鉛直と水平方向の支持力を検討

深い基礎には、杭基礎とケーソン基礎などがあります。ケーソン基礎の断面積は大きく、長大橋などの重い構造物を支える場合に用いられます（図1）。

杭基礎は支持方法、材料、本数、施工法によっていくつかに分類されます。支持方法では杭先端の支持力で主に支える支持杭と、杭周面の摩擦力で支える摩擦杭があります。材料ではコンクリート杭、鋼杭、木杭があります。本数では1本の杭だけを用いる単杭と、複数の杭を一体として使う群杭があります。また、施工方法としては工場で製造した杭を用いる既製杭と、地盤を予め掘削した穴に鉄筋を入れコンクリートを流し込んで施工する場所打ち杭があります。既製杭の場合、打ち込むと騒音・振動が大きいので、最近は圧入するか、予め掘った穴に埋め込むことが行われています。

杭の材料、長さ、断面、本数の設計にあたっては、鉛直支持力と水平方向の支持力や変位量を検討します。鉛直支持力は一般に*N*値から推定していますが、詳細に求めるために乱れの少ない試料を採取し、三軸圧縮試験からせん断強度定数を求めて用いることもあります。水平支持力や変位量も*N*値から推定することが一般的ですが、詳細に求めるために、ボーリング孔を利用し孔内水平載荷試験を行うこともあります。また、実物大の杭を用い原位置試験を行うと支持力が直接求まります。地震時に液状化する場合には水平方向の支持力・変位量の検討に液状化の影響を考慮する必要があります。

軟弱地盤上に盛土を行ってすぐに先端支持杭を打設し、その後も圧密沈下が生じるような場合には、負の摩擦力に留意する必要があります。この場合には杭の周囲の地盤の沈下に伴って、杭周面に下向きに摩擦力が働きます（図2）。このため杭に過大な圧縮力が働きます。摩擦力を軽減する対策として、特殊なアスファルトを塗ったりします。

要点BOX
- ●深い基礎の種類は杭基礎とケーソン基礎など
- ●騒音・振動の少ない圧入、場所打ち杭の活用が一般的になっている

図1　杭基礎とケーソン基礎

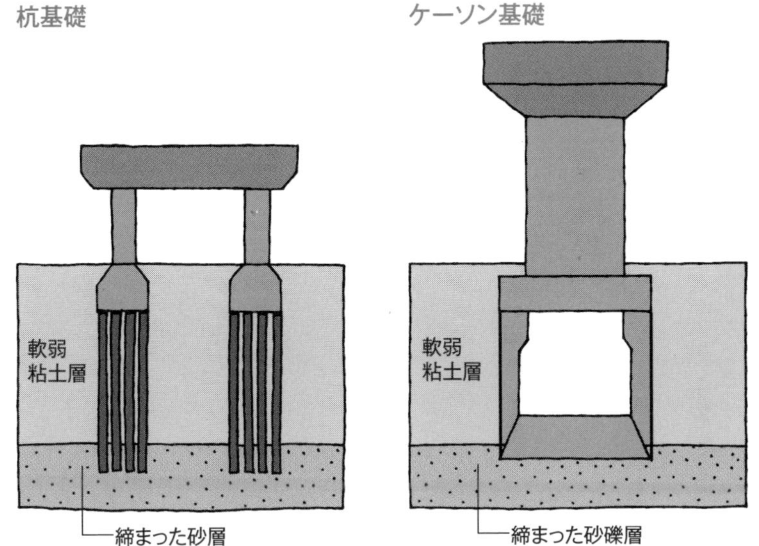

図2　地盤沈下で生じる杭の負の摩擦力

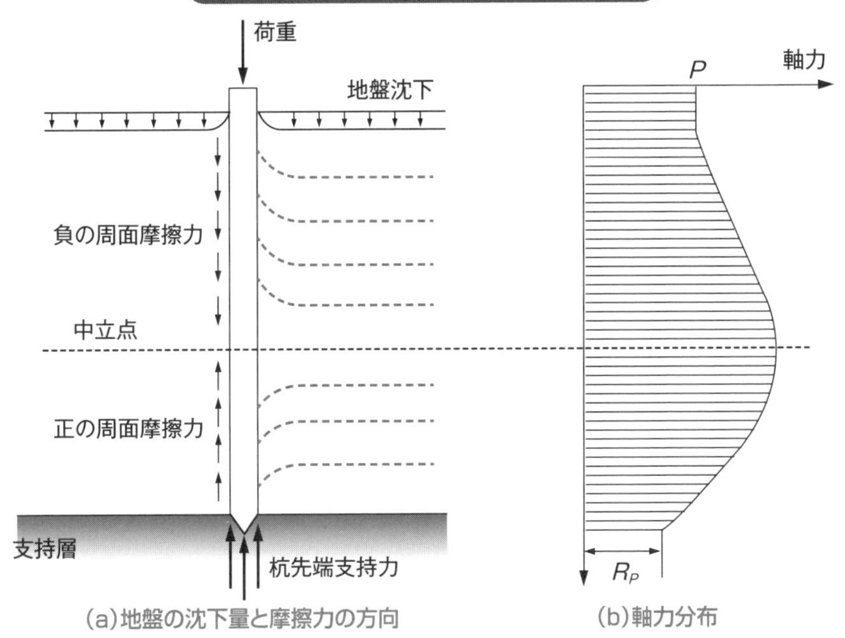

(a)地盤の沈下量と摩擦力の方向　(b)軸力分布

46 すべり安定性に影響するのり面勾配

道路や宅地の盛土

丘陵や山地で道路や鉄道、宅地を造る場合、なるべく平らにするために、尾根部を切って、谷部に盛ります。平地でも立体交差部は土を盛って建設します。これらの計画段階で、必要な盛土高さが決まります。次に、のり面の安定性と沈下量を考慮して盛土形状などを設計します。これらに影響を与えるパラメータとしては、盛土材のせん断強度、のり面勾配、盛土内の地下水位、原地盤のせん断強度や圧密特性があります。

盛土のり面の安定性は、一般に円弧すべり面法による安全率で判断します。ただし、すべり面は盛土内だけでなく原地盤も含むことがあります（図1）。そこで、盛土材に関しては土の締固め試験と三軸圧縮試験を行い、必要な締固め度とせん断強度定数を求めます。原地盤に関しては、標準貫入試験のN値や、乱れの少ない試料の三軸圧縮試験からせん断強度定数を求めます。そして、排水工の検討をし（図2）、施工後の地下水位を推定して安定解析を行い、のり面勾配を決定します。ただし、路線が長い道路盛土などではこのような検討を多くの地点で行えませんので、通常の地盤と盛土高の場合には、標準的な勾配でのり面勾配を設計します（図3）。

盛土の沈下量は、特に軟弱地盤上に盛土する場合に検討が必要です。その場合、乱れの少ない試料を採取して圧密試験を行い、最終圧密沈下量や時間～沈下量関係を求めて、沈下量の時間変化を推定します。なお、地盤が軟弱で過大な沈下量が生じたり安定性が確保できない場合には、地盤の改良やジオテキスタイルなどを用いて補強することも検討します。

盛土の施工は、土を30㎝程度の厚さで撒きだし、所定の密度に締め固めながら行います。ただし、原地盤の土質や盛土材料で不確定要素がある場合には、施工中の盛土の沈下量やのり尻の水平変位量などを動態観測しながら、施工していくことが必要です。

要点BOX

- のり面の安定性などから盛土形状は決まる
- 軟弱地盤上の盛土では、盛土の沈下量も検討
- 対策としては地盤改良と補強などがある

図1　盛土内と原地盤も含めたすべり

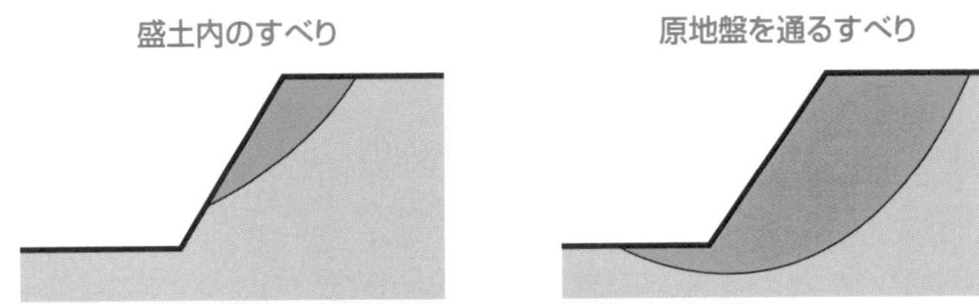

図2　道路盛土における排水工

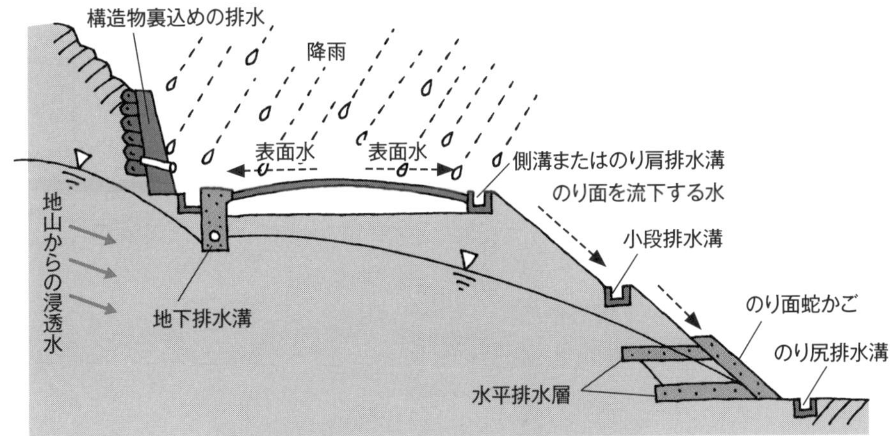

図3　道路盛土における盛土材料、盛土高に対する標準のり面勾配の目安

盛土材料	盛土高	勾配（V：H）
粒度幅の広い砂、礫および細粒分混じり礫	5m以下	1:1.5～1:1.8
	5～15m	1:1.8～1:2.0
分級された砂	10m以下	1:1.8～1:2.0
岩塊（ずりを含む）	10m以下	1:1.5～1:1.8
	10～20m	1:1.8～1:2.0
砂質土、硬い粘質土、硬い粘土（洪積層の硬い粘質土、粘土、関東ロームなど）	5m以下	1:1.5～1:1.8
	5～10m	1:1.8～1:2.0
火山灰質粘性土	5m以下	1:1.8～1:2.0

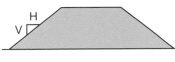

のり面勾配の定義はV：H

H

V

（資料：道路土工構造物技術基準より）

47 漏水を防ぐ工夫

フィルダムや堤防

フィルダムやため池、河川堤防も盛土です。こうした水を溜める構造物（河川堤防では人家側に水を漏らさない）には、道路盛土などで必要なのり面の安定性に加えて、止水性も大切な検討項目となります。

フィルダムとため池は同類の構造物ですが、堤高が15m未満のものをため池、それより高いものをダムと呼んでいます。ため池は通常土で造られていますが、規模の大きなフィルダムは岩塊を積んだロックフィルダムが主体となっています。フィルダムを建設するにあたっては中心部に透水性の悪い粘土でコアーを設けて遮水したり、貯水池側ののり面をアスファルトや人工材料で覆って遮水します。基礎地盤の漏水も懸念される場合にはダム下にグラウチングしたり、貯水池内の地盤上にブランケットを設けて浸透流を抑制する方法などがとられます（図1）。

一方、河川堤防は数百年前から造られてきました。そして、洪水対策などで嵩上げが繰返されてきました。したがって、既設の堤体内は不均質になっていることが多い点に注意が必要です（図2）。このため漏水も発生し易く、その対策が重要です。例えば、川側の表のり面に遮水シートとブロックを貼って堤体の漏水を防ぎ、のり尻から矢板を打設して基礎地盤の漏水を防いでいます。

河川堤防やフィルダムを建設するにあたっては、のり面の安定性や沈下量の検討のために、原地盤の地盤調査・土質試験および盛土材料の土質試験を行います。さらに、原地盤の透水性、盛土材料の透水性の把握のために、現場および室内透水試験を行います。

なお、類似の土構造物として鉱さい集積場の鉱さいダムがあります。通常、岩石を砕いて鉱物を採った残りの粗い砂を盛ってダムが造られ、十分に締め固めていません。そこで、地震により時々液状化して、崩壊が生じています。

要点BOX
- ●フィルダムは中心部の止水性能を高めたり、貯水池側の遮水性能を高める
- ●堤防やダム建設時には数々の試験が必須

図1　フィルダムにおける遮水方法

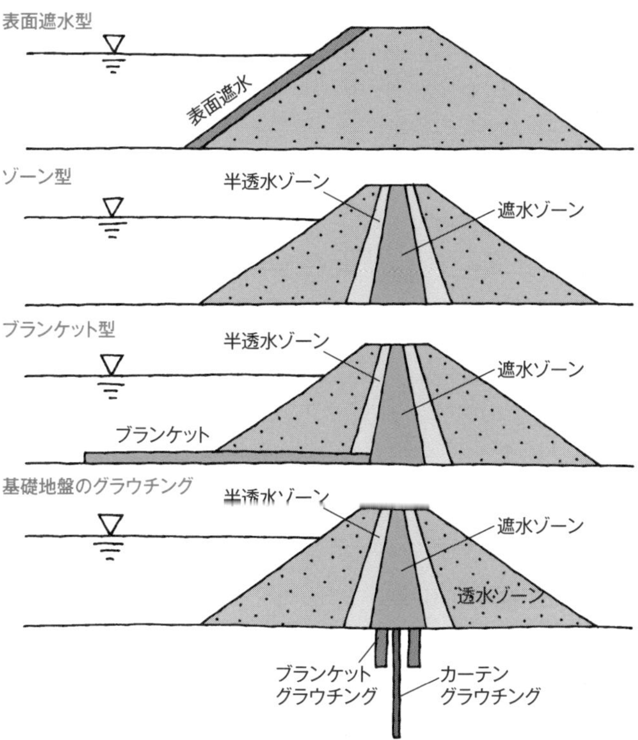

図2　河川堤防の断面例

2016年台風18号で決壊した鬼怒川堤防の復旧時に見られた堤防の断面（透水性の高い砂質土層が存在）。河川水の浸透を防ぐように対策されました。

用語解説

鉱さい：鉱さいには①製鉄工程で除去される不純物などを指すものと、②鉱山で鉱石を砕いて鉱物をとり出した残りを指すものとがある。鉱さいダムは②を指す。

48 土圧に加え地下水の流れに注意

地中構造物

地下鉄、地下高速道路、共同溝、上下水道・ガス導管、貯水槽、地下タンクなど、地盤内にも数多くの構造物が造られています。これらの構造物の計画にあたっては、埋設深度の選定などのために広域な地盤状況を把握することが必要になります。このため、まず既往の地盤調査結果を収集して、大まかな地盤構成を把握します。

続いて構造物の断面を設計する段階では、構造物に周囲地盤から加わる土圧、地震時の揺れによって構造物に発生する応力、液状化が発生する場合の浮力などを検討することになります（**図1**）。そこでボーリング、標準貫入試験、乱れの少ない試料での透水試験、三軸圧縮試験などを行います。

施工にあたっては、地表から開削して構造物を設置するか、あるいは立坑を建設しておいてそこからシールド方式で水平に建設していくかによって、必要な地盤情報が異なってきます。開削の場合、水道管やガス導管のように浅い箇所での施工は簡単で問題ありませんが、地下鉄や共同溝など深い箇所では土留め工をしっかりと設けて掘削する必要があります。この際、土圧に対して土留め工が変形しないようにし、また掘削底面から地下水と土が噴き出してくるボイリングが発生しないように、土留め工を深くまで設置する必要があります。このため、動態観測を行いながら施工を進めていきます。

さらに、施工後の地下水環境への配慮も必要です。例えば、地下水の流れに直交して地下鉄や地下高速道路を建設した場合、地下水の流れを止めてしまって上流側では地下水位が上がり、下流側では下がることが起きます。このような変化を生じさせないように、地下水の流れを確保する工夫が必要です（**図2**）。なお、開削の場合、構造物を設置した周囲に埋め戻した砂が地震時に液状化して浮き上がることも起きますので、注意が必要です。

要点BOX
- ●まずは大まかな地盤構成を把握する
- ●土圧、応力、浮力などを検討
- ●施工方法によって必要な地盤情報は異なる

図1　共同溝における浮上がり安全率の評価方法

浮上がりに対する安全率

$$F_s = \frac{W_S + W_B + Q_S + Q_B}{U_S + U_D}$$

ここに、

W_S：上載土の荷重（水の重量を含む）（t/m）
W_B：共同溝の自重（収容物件および捨てコンの重量を含む）（t/m）
Q_S：上載土のせん断抵抗（t/m）
Q_B：共同溝側面の摩擦抵抗（t/m）
U_S：共同溝底面に作用する静水圧による揚圧力（t/m）
U_D：共同溝底面に作用する過剰間隙水圧による揚圧力（t/m）

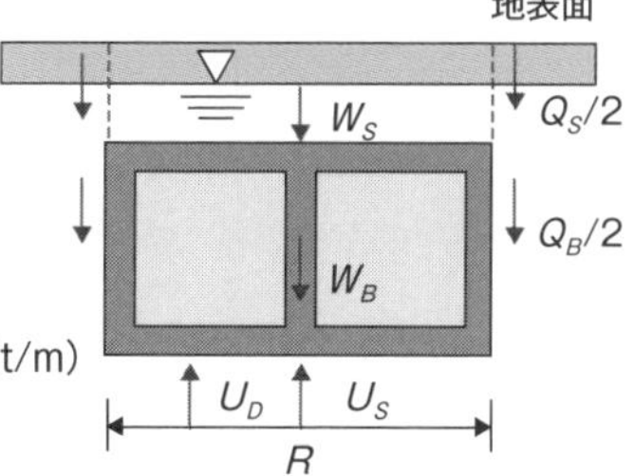

図2　東京外環自動車道における掘割部の構造

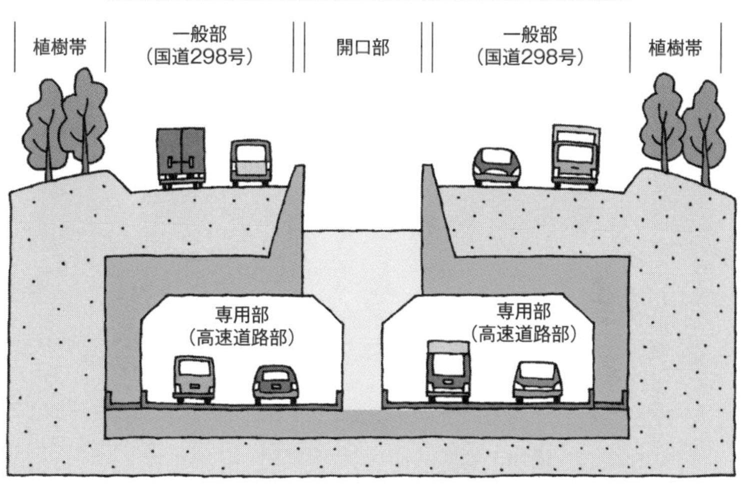

（資料：国土交通省関東地方整備局より）

地下水流動阻害を防止するために、浅層部では上流側に集水井を、下流側に復水井を設置し、集水井と復水井を通水管でつなぐ対策が行われたんだ。深層部では工事終了時に帯水層を遮断しているソイルセメントを撤去し、フィルター材と置き換えて通水性が確保されたんだよ

49 崖を守る方法

宅地の擁壁

家を建てるためには、まず宅地を整備しないといけません。台地や丘陵地、山地では平坦地を確保するために地盤を切り盛って整地するため、昔から擁壁が無数に造られてきました。古いものは石を積んだだけのものでしたが、近年ではコンクリートやコンクリートブロックを積んだり、重力式コンクリートやコンクリート擁壁で崖を守るようになっています（**図1**）。擁壁の種類によって安定性が異なりますので、擁壁が高い場合にはコンクリートで強い構造とする必要があります。

擁壁の安定性に関しては、①滑動に対する安定性、②転倒に対する安定性、③地盤が擁壁を支え得る強度について検討します（**図2**）。これらの変状が発生しますと、擁壁に近い建物が傾斜したり変形させられます。なお、高い鉄筋コンクリート擁壁では、擁壁自体に生じる応力も検討する必要があります。

これらの検討にあたっては土圧、水圧、擁壁の自重、地震時荷重、地盤の支持力、背後地盤への積載荷重、フェンス荷重の値が必要です。土圧の算定にあたっては土のせん断強度定数が必要なため、三軸圧縮試験などを行います。擁壁背後地盤水圧は加わらないに越したことはありませんので、設計にあたっては水抜き穴を設けるようにします。地盤の支持力は標準貫入試験のN値や、乱れの少ない試料による三軸圧縮試験などから求めます。

鉄筋コンクリート擁壁において、安定性を検討したところ滑動に対して不安定と判定された場合には、底版の下に突起を設けてすべりにくくしたり、底版の面積を広げる工夫で安全性が増します。転倒に関しては擁壁の形状を変えると安定性が増します。ただし、T型やL型擁壁で底版を大きくしすぎると、コンクリート自体が破壊しますので注意が必要です。地盤の支持力が不足する場合には、地盤を改良すると安全性が増します。

要点BOX

- ●古くは石積み、近年はコンクリートを活用
- ●滑動、転倒、地盤の支持力を検討
- ●対処法として地盤改良もある

図1　宅地の擁壁の種類

空石積み擁壁

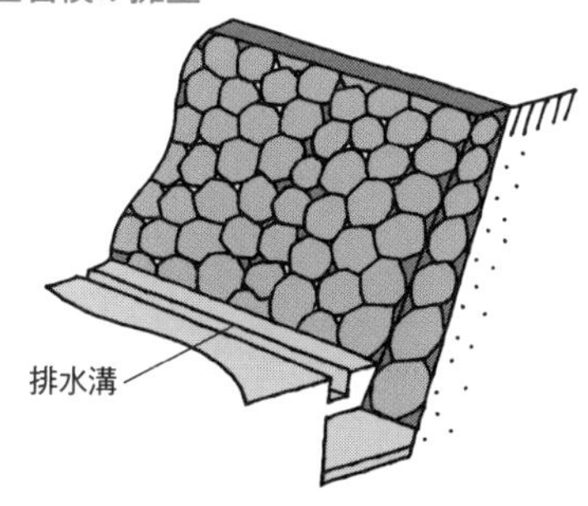

練石積み・コンクリートブロック積み擁壁

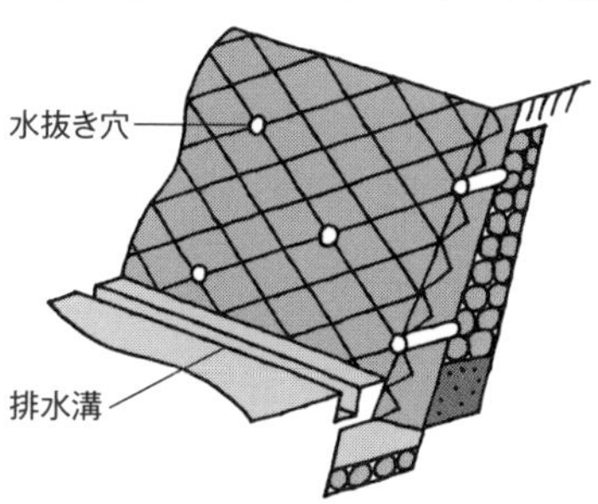

重力式コンクリート擁壁　　鉄筋コンクリート擁壁

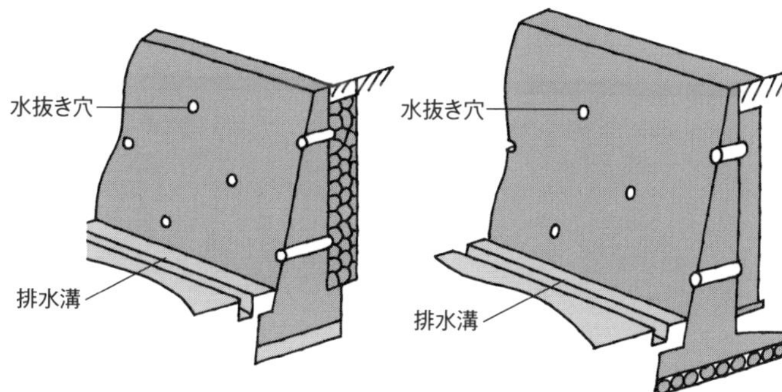

図2　擁壁の安定性で検討が必要な項目

①滑動に対する安定性

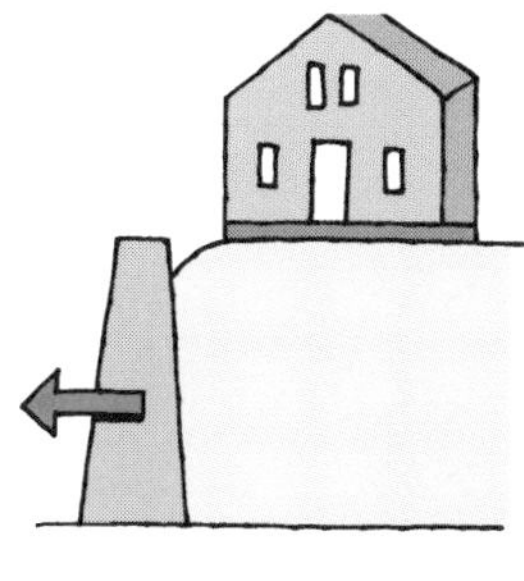

②転倒に対する安定性

③地盤が擁壁を支え得る強度

50 背後地盤の液状化に注意

岸壁や護岸

船が着くための岸壁には重力式、矢板式、桟橋式などがあります。いずれも背後地盤からの土圧が働きますので、主にこれに対して設計します（図1）。重力式岸壁は、水深が深い場合や海底の深くまで軟弱地盤があるような場合に用いられます。軟弱地盤の場合はその上に直接ケーソンを設置できないので、掘削し砂で置き換える方式が従来用いられてきました。ところが1995年の阪神・淡路大震災では、置換砂が液状化に近い状況になり、岸壁が被害を受ける一因になりました。そのため、置き換えるよりは、地盤を改良してケーソンを設置する方が良いのではないかとの考えが出てきました。

一方、矢板式は水深が深くない場合や海底地盤が締まっている場合などに用いられます。海底地盤に矢板を打ち込んだだけでは前に孕み出す場合、岸壁から離れた所に控え杭を設置し、矢板上部との間をタイロッドで結んで、孕み出さない構造とします。桟橋式では海中に杭を打設し、その上に桟橋を設けます。

海岸の護岸も、岸壁と同様に重力式や矢板式で建設されます。岸壁と護岸とも海岸を埋め立てて造られることが多いので、地震時に背後地盤の埋立土の液状化に起因して海に向かって孕み出す被害をしばしば受けてきました。

そこで、背後地盤が液状化しないように、グラベルドレーン工法やサンドコンパクション工法などで地盤改良して対策を施すことが、新設のみならず既設の岸壁・護岸でも施されてきました。さらに、岸壁や護岸が前に孕み出すと背後地盤が広い範囲で流動します。例えば、阪神・淡路大震災では、背後の液状化した地盤が100m程度の範囲まで流れ出し、そこにあった橋脚や建物、タンクなどに甚大な被害を与えました（図2）。そこで、岸壁や護岸が孕み出しても、流動被害から免れるような橋脚自体の対策も施すようになってきています。

●岸壁には重力式、矢板式、桟橋式がある
●海岸を埋め立てるため、地震時に液状化被害が発生しやすい

図1　岸壁の種類

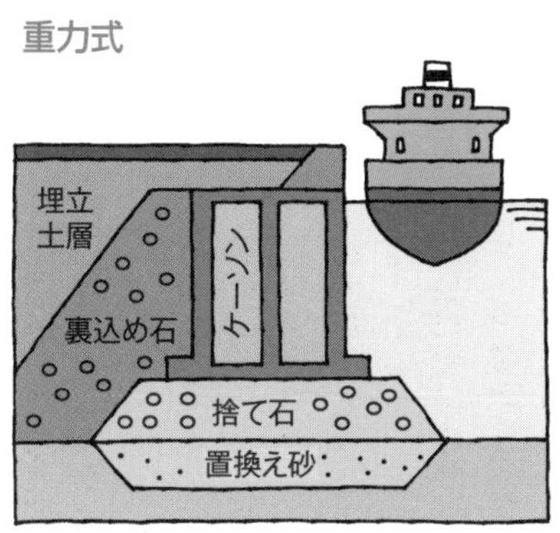

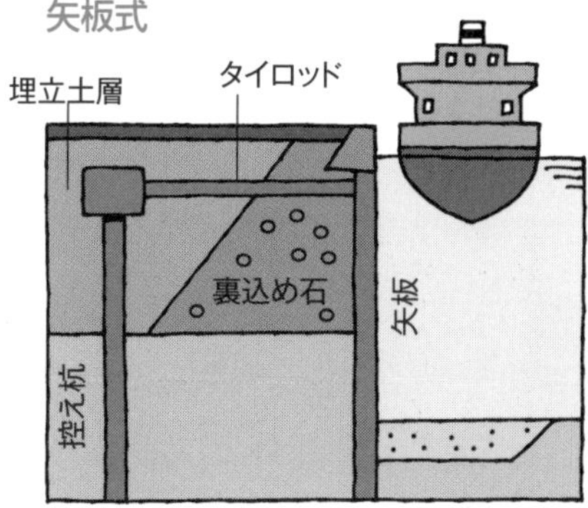

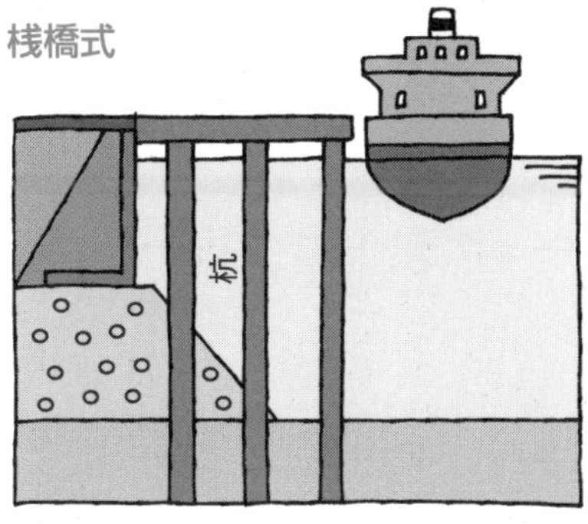

図2　阪神・淡路大震災で液状化により孕み出した護岸と、それによって引き起こされた背後地盤の流動

Column

クーロンとランキンの土圧論

クーロン（Charles-Augustin de Coulomb 1736-1806）は、フランスの技術者、物理学者です。軍務でマルティニーク島（カリブ海）に配属され、ブルボン城塞の建設に従事しました。材料と構造力学を研究したここでの経験をもとに1773年、クーロンの土圧論「建築における静力学的な問題に最小と最大の原理を適用するノート」、いわゆる「くさび理論」を発表しました。

21項で解説したように、土圧は主応力の方向により主働土圧と受働土圧に分類されます。クーロンは壁体に向かって滑り落ちる土の形は三角形（楔形）になると仮定し、壁体がわずかに外側に傾くことにより、この楔形が滑り落ちようとする状態について、いろいろな角度のすべり面を考察。壁体にかかる力で最大値になるものを見つけ、これを主働土圧、壁体がわずかに内側に傾くことによりこの楔形が押し上げられる状態を考察し、壁体にかかる力の最小値を受働土圧としました。

ランキン（William John Macquorn Rankine 1820-1872）は、イギリス（スコットランド）の物理学者、工学者です。鉄道建設に従事し、グラスゴー大学に着任した翌年の1857年、ランキンの土圧論「緩い土の安定について」を発表しました。ランキンは地盤を半無限に広がる粘着力のない粉体でできていると仮定し、地盤の内部に任意の仮想した点の圧力の釣り合いを考えました。壁体背面のごく近い点でせん断応力がせん断強さに達し、今まさに破壊せんとして釣り合っている応力状態、つまり塑性平衡の状態のもとで、鉛直面に働く圧力を求めたのです。粉体を支えている壁体の鉛直背面には、この圧力に等しい土圧が働き、その方向は地表面に平行に作用するとし、塑性平衡が主働状態のときには主働土圧、受働状態のときには受働土圧が働くと考えました。

ランキンはクーロンのマクロな見方に対し、ミクロな考え方をしたのです。奇しくも2人がそれぞれ理論を発表したときは、37歳と同じ年齢でした。（執筆・三浦基弘）

●クーロンの土圧論
主働土圧$P_a=1/2\gamma H^2 tan^2(\pi/4-\phi/2)$
受働土圧$P_p=1/2\gamma H^2 tan^2(\pi/4+\phi/2)$

●ランキンの土圧論
主働土圧$P_a=1/2\gamma H^2 K_A$
受働土圧$P_p=1/2\gamma H^2 K_P$

γ：土の単位体積重量
H：壁体の高さ
ϕ：せん断抵抗角
K_A：主働土圧係数
K_P：受働土圧係数

第6章

地盤災害と対策

51 浅層地盤で決まる地震の揺れ

地震の揺れと浅層地盤の関係

災害には種々あります。地盤に関係した災害は地震災害、風水害と言え、本書ではこれらに対する備えを考えてみます。

まず、地震災害を考える上で基本となるのは、地震動の予測方法です。地球の表面は大小のプレートで覆われており、これらが移動して衝突することにより地震が発生します。日本の場合、西側にユーラシアプレート、北側には北米プレートがあり、それらに対し東側から太平洋プレートが、南側からはフィリピン海プレートが押し寄せてきています。そして、プレートの衝突によって働く力が大きくなるとプレート内やプレート境界でずれが生じて断層ができ、その時に地震が発生します（**図1**）。

この地震は地下の、例えば数十㎞の深さで発生し、その揺れが地表に伝わってきます（**図2**）。このとき、地震基盤と呼ばれているところまでは比較的一様な地震波が伝わり、それから上の地層の特性に左右されて地震波が変化していきます。特に工学的基盤と呼ばれているあたりから揺れの振幅が増幅し、周期特性も変化していきます。そのため、工学的基盤より浅い層の特性が地表での揺れに最も影響します。さらに、表層の下面の形状や地表面の形状も局所的な揺れに影響します。

1923年に発生した関東地震の際には、横浜市において表層の軟弱な沖積層が厚い所では、家屋の被害率が高かったことが分かっています（**図3**）。

こうしたことから、耐震設計にあたって設計水平震度に地盤別補正係数が導入されています。ただし、精度良く揺れを推定するためには地震応答解析を行う必要があります。コンピュータの発達とともに、現在では3次元の地盤モデルでも計算できるようになってきています。ただし、表層地盤の物性を正しく調査・試験して解析に用いる必要があります。

要点BOX
- ●地震波は震源から伝わる間に増幅する
- ●特に工学的基盤から揺れが増幅する
- ●地震応答解析で揺れを精度良く推定できる

図1　日本列島周辺で発生する地震のタイプ

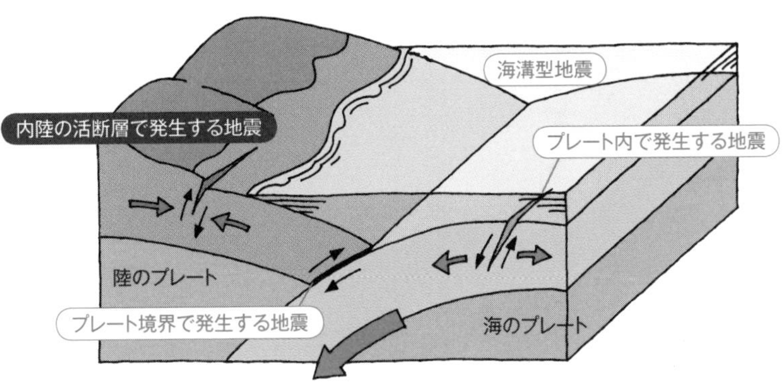

図2　地震動の伝播

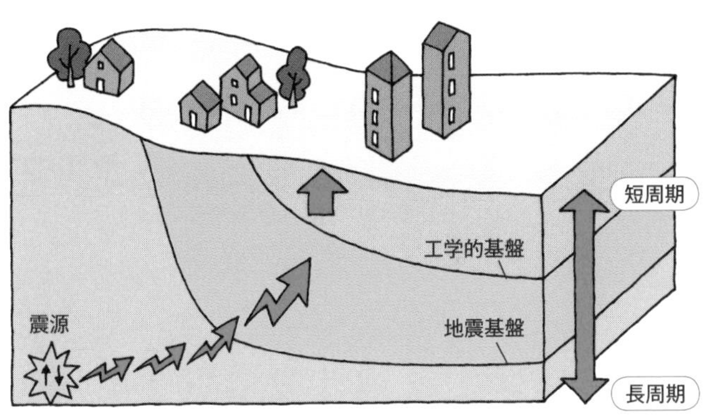

図3　関東地震時の横浜における沖積層厚と木造建物被害率

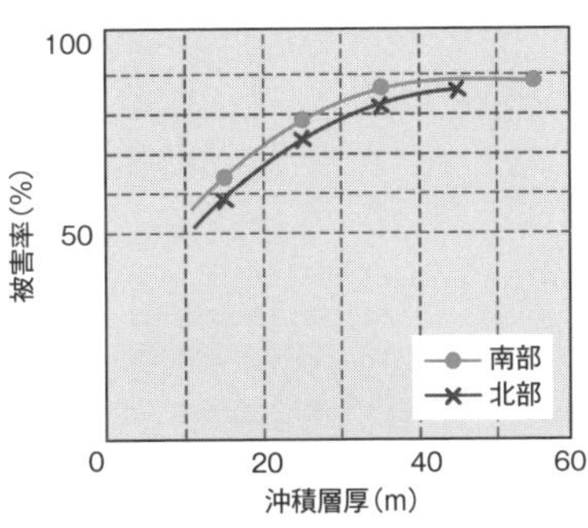

（資料：表 俊一郎・宮村攝三）

52 建物は沈下し、マンホールは浮き上がる

液状化による構造物の被害

1964年に発生した新潟地震では新潟市の広い範囲で液状化が発生し、多くの建物が沈下・傾斜しました。信濃川に架かっていた橋が落ち、鉄道盛土も崩れるなど、甚大な被害を受けました。また、同じ年に米国で発生したアラスカ地震でも液状化による被害が発生しました。これらの地震により、日米を中心に液状化による被害が広く知られるようになりました。

新潟地震以降、日本では液状化をもたらす地震が平均して1、2年おきに発生しています。構造物によって、以下の被害が発生することが分かってきました(図)。

①直接基礎の構造物：地表に建てられた建物やタンクなど種々の構造物は沈下・傾斜します。

②杭基礎の構造物：杭先端地盤が液状化すると沈下します。また、先端は液状化しなくても表層が液状化すると水平方向に大きく変形し、杭自体が破損したり、上部の橋桁が落橋します。

③地中構造物：地中に埋まっているマンホールや防火水槽、下水道管など軽い構造物は浮き上がります。

④岸壁や護岸および背後地盤：背後の地盤が液状化すると岸壁や護岸に加わる土圧が増えます。また基礎下の地盤が液状化すると支持力がなくなります。これらにより岸壁や護岸が海や川に向かって孕み出し、背後の液状化した地盤が水平方向に流動します。そのため、そこに建っている直接基礎の構造物の基礎は引き裂かれ、杭基礎も変形し、埋設管も引っ張られて甚大な被害を受けます。

⑤土構造物：河川堤防やアースダム、鉱さい集積場といった土構造物では地盤の強度やせん断剛性が減少するため、滑ったり沈下もします。

⑥緩やかな傾斜地盤：液状化に伴って地盤全体が流れ出す流動が発生します。そのため、構造物の被害を甚大にします。

要点BOX
- ●1964年から液状化が知られるようになった
- ●日本では1、2年おきに液状化が発生
- ●構造物によって液状化の被害形態は異なる

図　液状化による被害形態

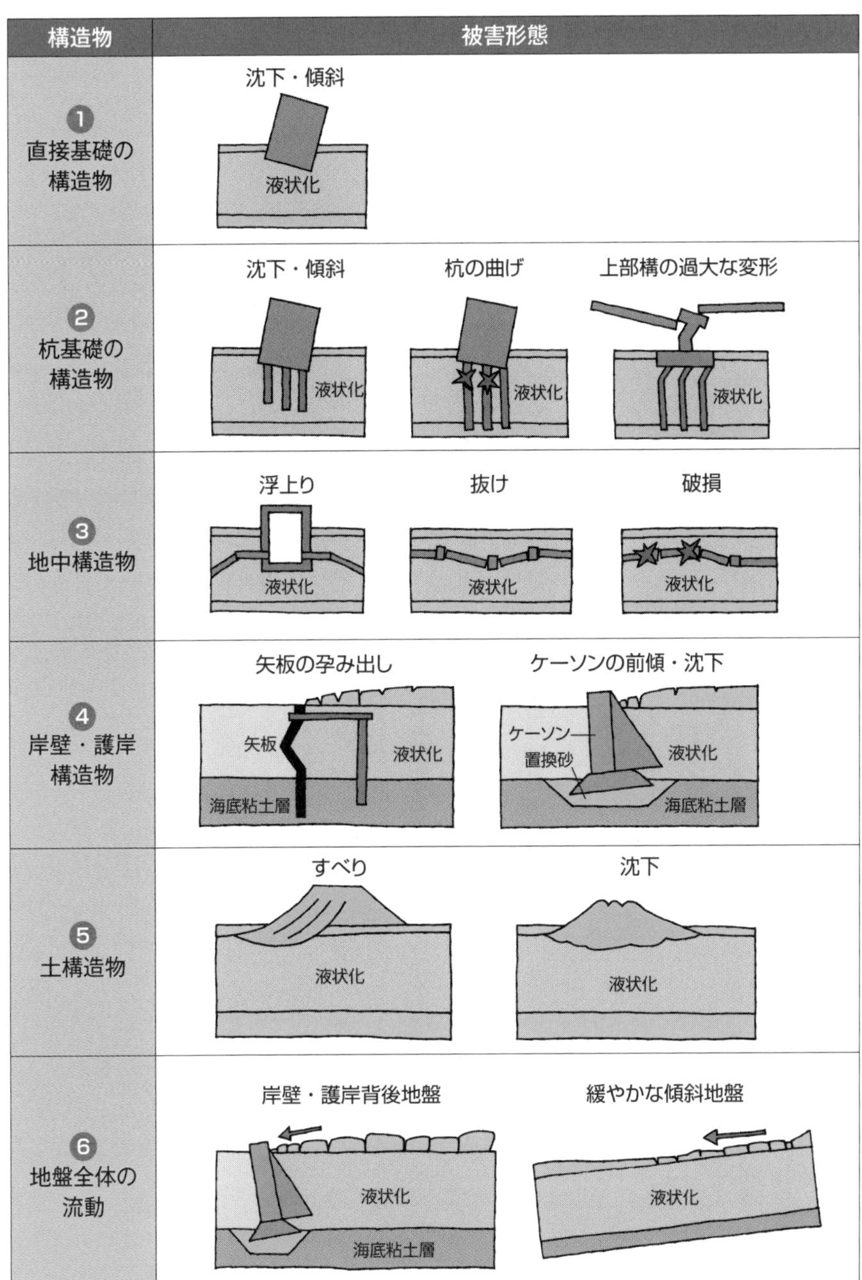

53 液状化し易い条件とは？

地下水面以下に砂が緩く堆積している状態を想像してください。ある深さの土の要素には、周囲から押さえる圧力が加わっています。これを土粒子間の接触力で支えていて、間隙水には地下水面からの深さに応じた静水圧が加わっているだけです。そこに地震が襲ってきて、S波によって土と水が一緒に左右に繰返しせん断変形させられますと、土粒子の噛み合わせは次第に外れていき、最終的にバラバラになります。これは水の中に土粒子が離れて浮遊している状態で、これが液状化です(**図1**)。

周囲からの拘束圧は土粒子間でなく間隙水の圧力で支えざるを得なくなり、過剰な水圧となりますので、地表に向かって水が噴き出します。このとき、砂も一緒に噴き出し、その後水がひいて噴砂として残ります。なお、地下水位が浅いほど地上の構造物の被害は甚大になります。このようなメカニズムから考えて、①地下水位が浅く②緩く堆積した③砂地盤に④震度5弱程度以上の地震が襲った場合に液状化による被害が発生し易いと言えます。

このような地盤が存在する場所は、海岸や池・沼などの水面上に埋立や盛土した所、砂丘の内陸側のきわ、旧河道（かどう）、人工的に掘削・埋め戻した所に多いため、微地形分類図をもとに液状化し易い場所を大まかに予測することができます。

対象としている土を採取して繰返し三軸試験で液状化特性を求め、地震応答解析と組み合わせますと、液状化の発生やそれによる構造物の被害の程度（例えば建物の沈下量やマンホールの浮上り量）を定量的に評価できます。ただし、費用と手間がかかりますので、一般に地盤調査として広く行われている標準貫入試験のN値と粒度特性から液状化強度比Rを推定し、地震時に地盤内で発生するせん断応力Lと比較して、液状化に対する安全率F_Lを簡易的に求める方法が広く用いられています(**図2**)。

- 4つの条件が重なると被害が発生し易い
- 微地形分類図から大まかな予測が可能
- N値による簡易予測方法が広く使用

図1　液状化発生のメカニズム

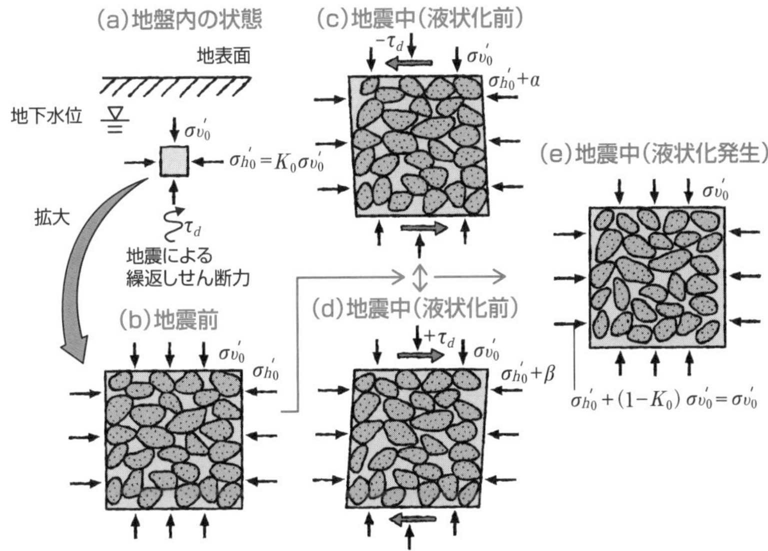

図2　*N*値と細粒分含有率をもとにした液状化簡易判定方法

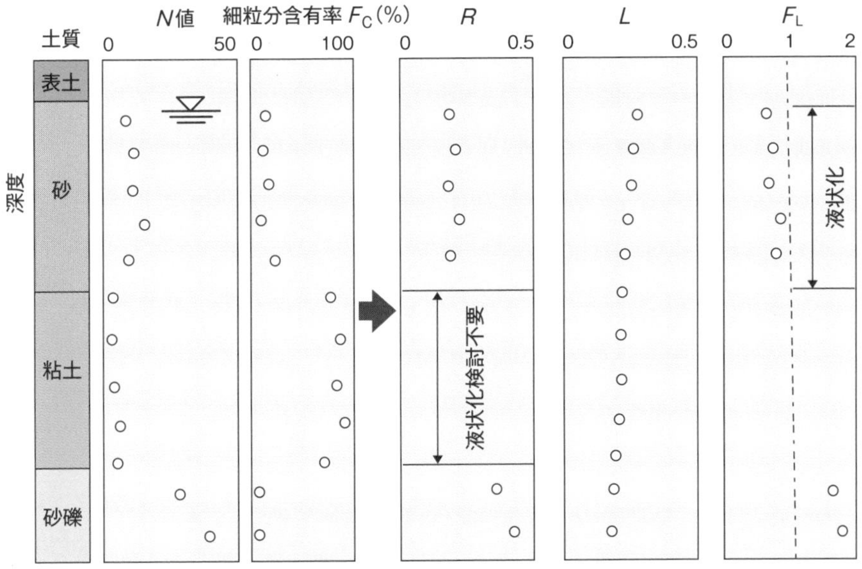

F_L ： 繰返しせん断抵抗率（液状化に対する安全率）＝ *R*/*L*、 F_L<1だと液状化
R ： 繰返しせん断強さ比（液状化強度比）
L ： 地震によって発生する繰返しせん断応力比

54 直下や周囲から改良・補強

既設構造物の液状化対策

41項で述べましたように、1964年の新潟地震以降、新設の構造物に対しては締固めなどで地盤改良し、液状化の発生を防止する方法が多く開発されてきました。また、液状化しても杭基礎で対処するような構造的対処方法も開発されてきました。

これに対し、対策をせずに建設してきた既設構造物や、市街地全体で対策を施すことが最近行われるようになってきました。既設構造物に対して、実際に行われた事例をもとに説明します(図)。

直接基礎の構造物に対しは、構造物の床や周囲から斜めに穴をあけて薬液を注入して固化すれば、直下の地盤の液状化を防ぐことができます。また、構造物周囲を鋼矢板で囲みますと、構造物下の地盤が液状化しても側方に押し出されないため、構造物の沈下量を小さく抑えられます。

杭基礎では増し杭で補強すると、液状化しても被害を受けないようにできます。また、杭基礎周囲の地盤を改良しても補強することが可能です。

土構造物ではのり尻にシートパイルを打設したり、のり尻下の地盤を締め固めたりしますと、直下の地盤が液状化したとしても、側方へ押し出されるのを防ぎ、沈下量を減少できます。また、盛土内の水位を下げるだけでも沈下量が軽減されます。

岸壁・護岸では背後地盤を改良すると孕み出しが防げます。また、既設護岸の前面に鋼管矢板を新設し、根固めをすれば補強できます。

地中構造物のうち、共同溝では両側にシートパイルを打設し、液状化した土が構造物下に回り込むことを防ぐと、浮上り量を小さく抑えられます。底部から穴をあけ下部の地盤を改良することもできます。

杭基礎に対する地盤流動の影響に関しては、護岸との間に鋼管矢板を打設すると影響が軽減されます。増し杭で杭基礎自体を強くすることもできます。

要点BOX

- 直接基礎では床や周囲から地盤改良
- 杭基礎では増し杭
- 土構造物ではのり尻の地盤改良

図　既設構造物の液状化対策事例の模式図

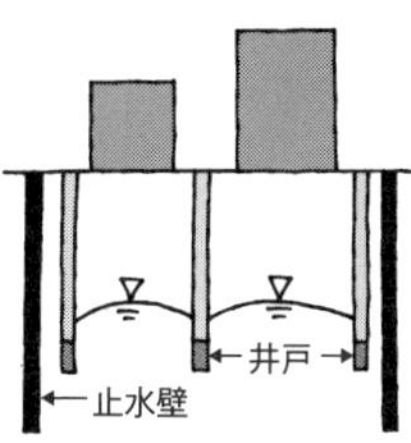

タンクヤード
全体の地下水位低下

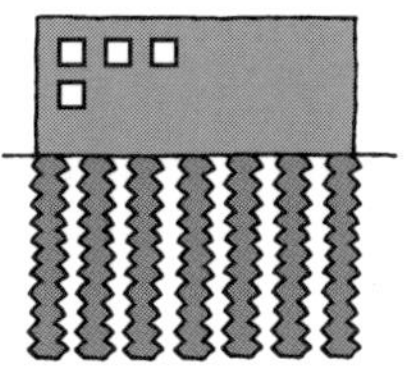
建物床の穴からの
地盤改良

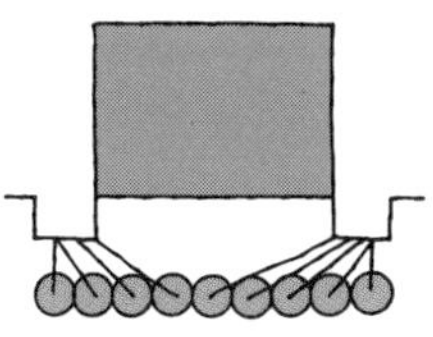
タンク周囲からの
地盤改良

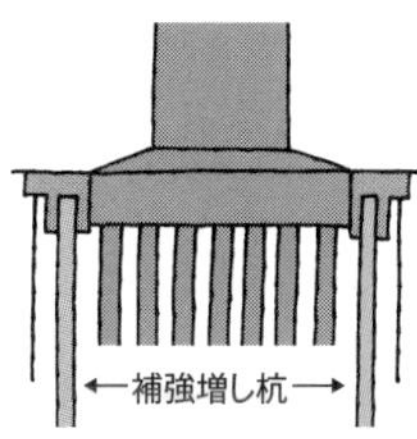

増し杭による補強

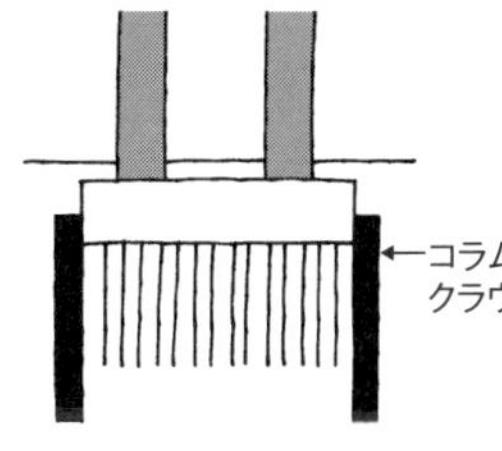

杭基礎周囲の地盤改良

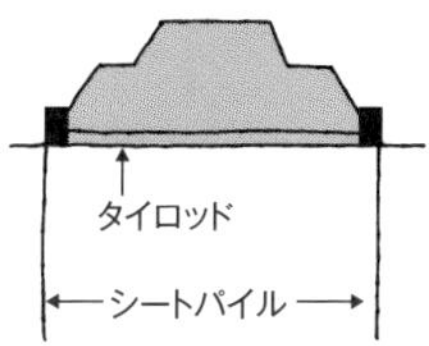

シートパイルによる
盛土補強

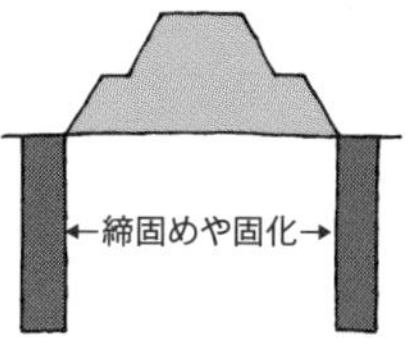

堤防のり尻の地盤改良

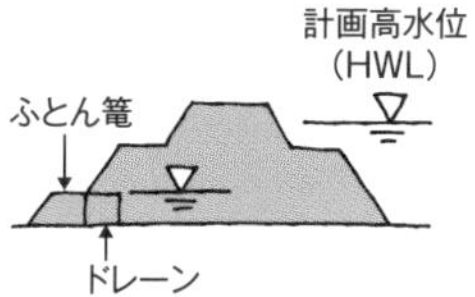

堤防内水位低下

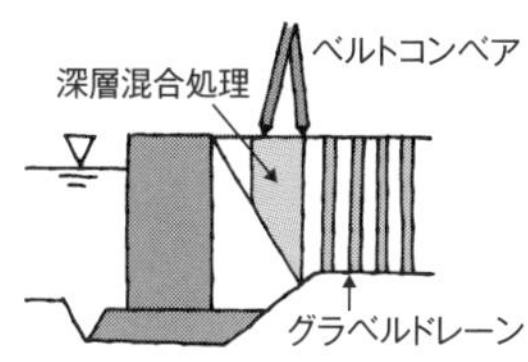

岸壁背後地盤の改良

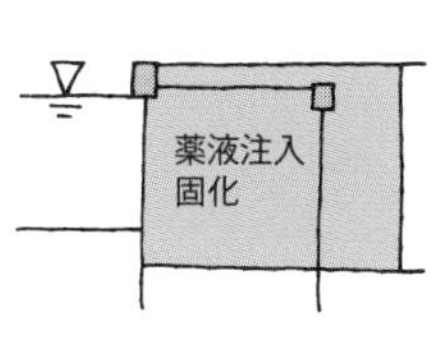

岸壁背後地盤の改良

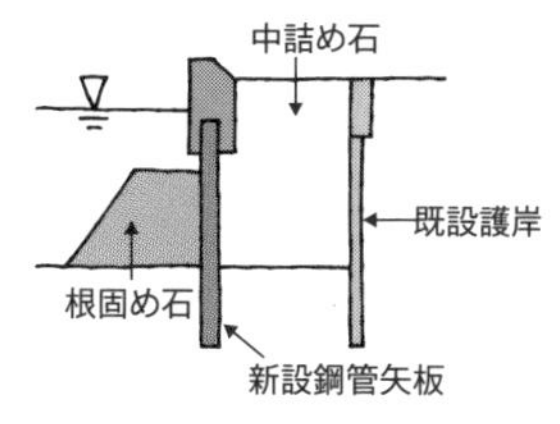

鋼管矢板による補強

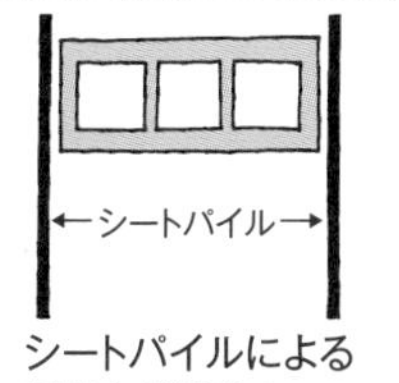

シートパイルによる
浮き上がり防止

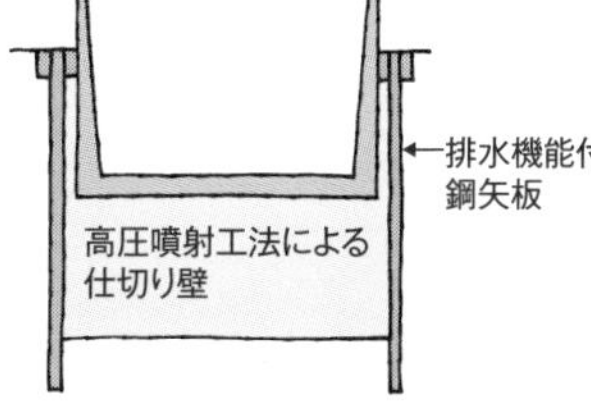

地下鉄床版下の地盤改良

55 市街地全体で地下水位を下げる

広範囲での液状化対策

2011年に日本とニュージーランドで、液状化により広範囲にかつ甚大な住宅被害が発生しました。ニュージーランドのクライストチャーチでは、2月の地震によって広い範囲が液状化しました。実はその半年前に発生した地震で、この範囲内の一部の地区ですでに液状化被害が発生していました。その後も余震で再液状化が2、3回繰返し、そのたびに住宅や道路、ライフラインの被害がひどくなっていきました。その結果、甚大な被害を受けた地区は集団移転が行われました(**図1**)。

一方、ニュージーランドでの地震から17日後に日本で発生した東日本大震災では、千葉県、茨城県をはじめとした多くの都市で、液状化による戸建て住宅の被害が発生しました。沈下・傾斜した家の中で生活ができないため、ジャッキなどで家を持ち上げて水平に載せ直す沈下修正工事が各住宅で行われました。ところが、これだけでは将来の地震によって再液状化が発生し、再び被害を受ける危険性があり、生活道路やライフラインも再度被災する可能性があります。

そこで、将来の地震に備えて、地区全体を液状化対策する市街地液状化対策事業が、地震の8カ月後に国土交通省により創設されました。これは、ある地区内の道路や下水道などの公共施設と民間の宅地とを、一体化して液状化対策を施そうとするものです。

既存の住宅地で家が建ったまま対策する方法として、地区全体の地下水位を下げる方法(**図2**)と、各戸の宅地を格子状に囲って地盤改良する方法が候補に挙がり、実証実験などによる検討が行われました。その結果、地下水位低下工法では地下水位を地表面から3m程度の深さに下げれば良いこと、道路の下にだけ排水管を入れれば市街地全体の地下水位が下がること、この程度では圧密による地盤沈下量は小さいことなどが明らかにされ、数都市で適用されました。今後、市街地やコンビナートへの展開が期待されています。

要点BOX

- ●液状化は地震の度に繰り返す
- ●市街地の液状化被害は深刻
- ●地区全体の地下水位低下は有効

図1　クライストチャーチにおける再液状化による被害の進行と集団移転

2010年の地震の4日後

2011年の地震の1週間後

2013年12月

ある地域では、復旧は考えず、集団移転したそうだよ

いずれ訪れるであろう地震のことを考え、「移転」という判断に行き着いたんですね

図2　地下水位低下工法による液状化対策

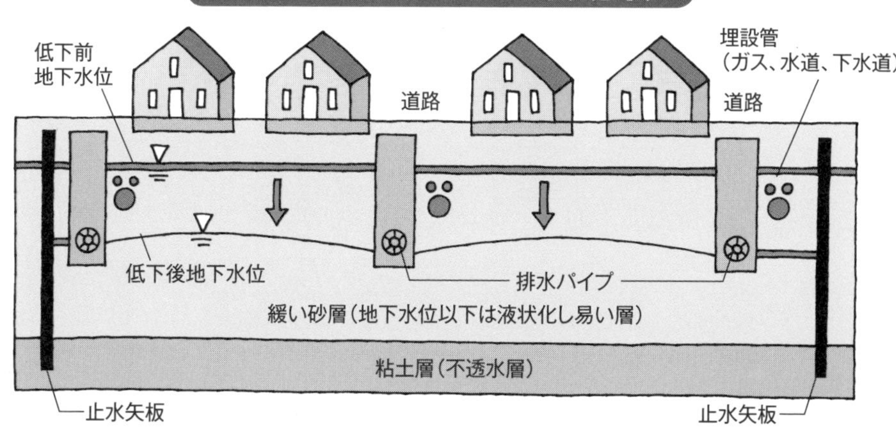

56 まず調査し、実態の把握から

日本では1960年代頃から人口の増加と核家族化により、都市近郊の丘陵地に住宅地が数多く造成されてきました。丘陵地のため、小高い丘を削ってその土で沢部に盛土を行って住宅地にしました。その際、締固めや地下水位の排除方法などの不備があった盛土で、近年地震や豪雨により崩壊が発生しています。

地震による被害は1968年の十勝沖地震から始まり、1978年宮城県沖地震、1993年釧路沖地震、2004年新潟県中越地震などで被害が目立つようになり、遂に2011年東日本大震災では、岩手県から茨城県にかけて数多くの盛土造成宅地が被災しました。特に仙台市での被害が甚大で、5728か所（2013年7月発表時点）の宅地が被災し、造成地内の家屋、道路、ライフラインが被害を受けました（**図1、2**）。宅地の被害を大まかに分けると、盛土全体のすべり・変形による被害、ひな壇のすべり・変形による被害、地盤の沈下や段差に伴う被害、擁壁の変形に伴う被害といったものがあります。

このように盛土造成宅地の地震時の被害の急増を受け、新潟県中越地震を契機に、地震時の被害も対象にして2006年に宅地造成等規制法が改正されました。そして、これに伴い大規模盛土造成地の変動予測の調査手法および対策に関するガイドラインが、国土交通省から出されました。

前述したように丘陵地の造成宅地は1960年代頃から造られてきましたが、どこにどのように盛土したのか記録がほとんど残っていません。そこで宅地耐震化推進事業で、盛土を行って造成した位置と規模の把握を行う第1次スクリーニングを行い、大規模盛土造成地マップが全国の自治体で作成されてきました。第2次スクリーニングでは詳細な地盤調査を行い、のり面の安定計算を行って対策工の必要性を検討することになっています。

要点BOX

- 地震をきっかけに盛土造成宅地の不備が露呈
- 規制の改正とガイドラインの設置
- スクリーニング後に対策を実施

図1　2011年東日本大震災により仙台市で被災した盛土造成宅地

昭和40年代に谷に盛土したひな壇状の造成宅地で、盛土の滑動によってブロック状に地盤が下方に移動しました。

図2　被災した造成地で復旧にあたってとられた対策工法

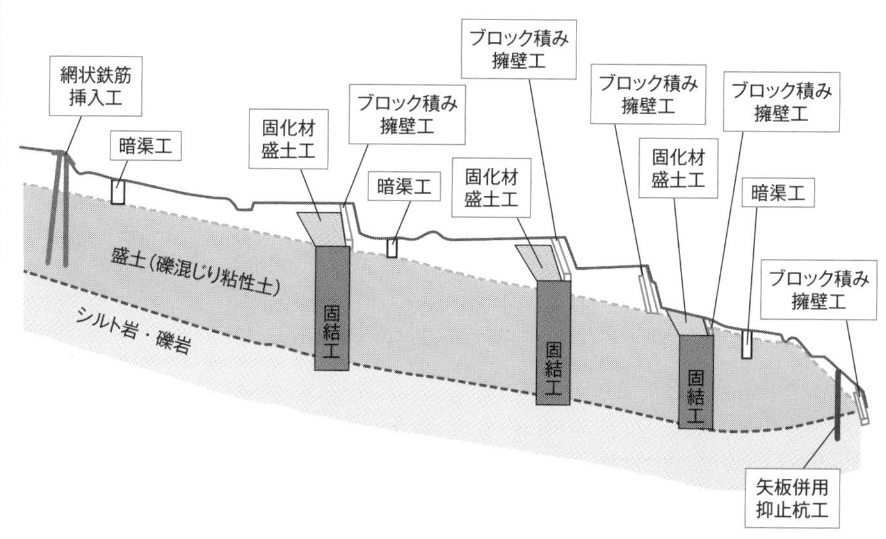

57 意識に変化。広がる耐震化

ため池や河川堤防は地震の度に多くの被害を受けてきました。例えば、2011年東日本大震災の際に、国管理の河川堤防だけでも2000を超える箇所で被害を受けました。これらの構造物は数百年も前から造られ、また嵩上げされてきたものが多く、古いものは締固めが不十分といった原因により被災し易いと言えます。

これに対し、近年建設された道路や鉄道などの盛土でも、地震時に被害が発生することはあります。例えば、2007年能登半島地震により能登有料道路で盛土のり面の大崩壊が11か所で発生しました（図1）。安全に土を盛るために、盛土材の選定や締固め、地下水位に留意しながら建設されていますが、フィルダムなどの重要土構造物以外は、従来、耐震設計は行われていませんでした。これは盛土は施工後に安定してくることや、被災しても橋などのコンクリート構造物よりは復旧し易いためです。

ところが、1995年阪神・淡路大震災で淀川の堤防が甚大な被害を受け、あわや浸水するといった被害を受けたことなどを契機に、河川堤防でも耐震補強の機運が高まってきました。また最近では、道路盛土などでも耐震設計や耐震点検を行うようになってきました。既設の河川堤防の対策としては、堤体自体は手を付けず、のり尻付近の地盤にセメント改良や締固め、矢板打設が行われています（図2）。

既設の鉄道の盛土に対しては、東海道新幹線の盛土では両側ののり尻に矢板を打設し、タイロッドで結ぶ対策が施されてきました。さらに、東京都のJR御茶ノ水駅付近では、中央線の既設鉄道盛土に対し、棒状補強材を用いる地山補強土工法で耐震化が行われました（58項図2a参照）。

このように既設の土構造物の地震対策が行われるようになってきましたが、土構造物は無数にあるので、継続して耐震化を進めていく必要があります。

- 数百年も前に作られたため池でも、近年建設された道路でも、地震時に被害が発生する
- 耐震設計が行われてこなかった歴史

図1　2007年能登半島地震による道路盛土のり面の崩壊

原因の1つとして、盛土内の地下水位が高かったことが挙げられています。

図2　既設の河川堤防で進められている地震対策

(a)地盤の液状化に対する締固め対策

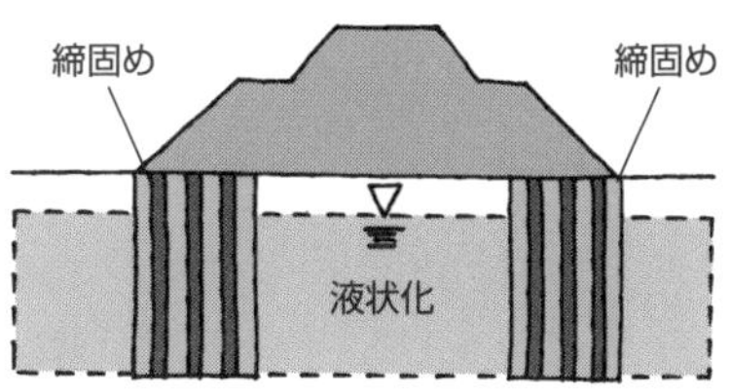

(b)地盤の液状化に対する固化対策

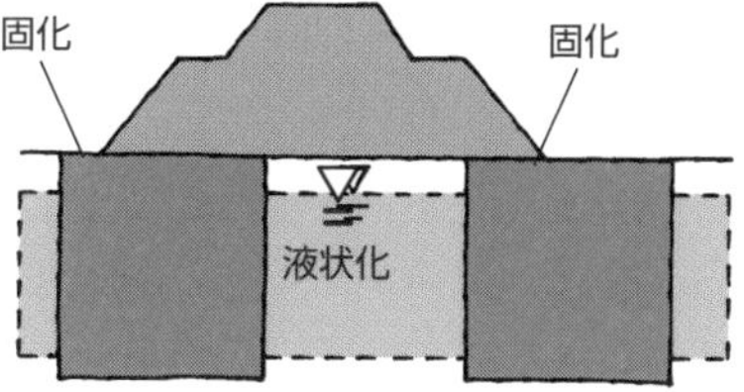

(c)地盤の液状化に対する矢板対策

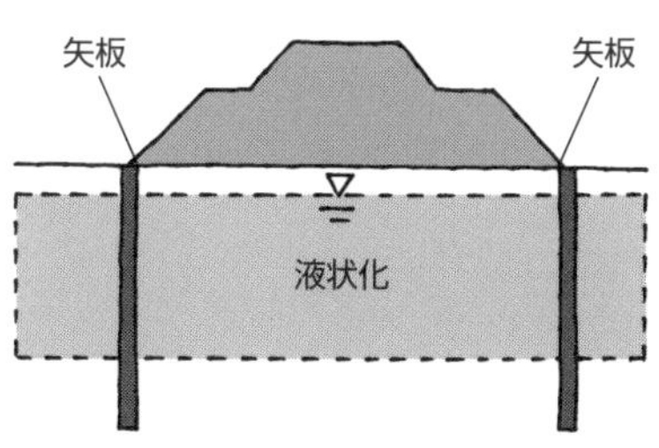

(d)堤体の液状化に対する水位低下対策

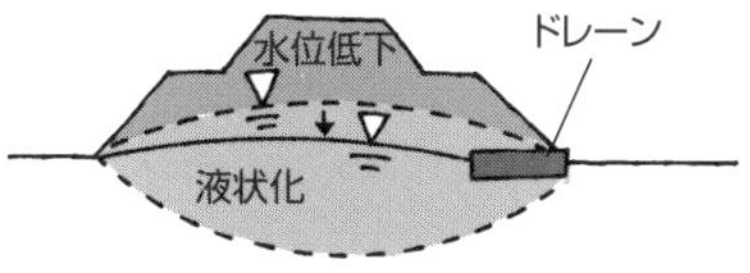

58 地震の度に発生。予測は困難

自然斜面の地震対策

山地が国土の約70％を占める日本において、山の斜面は至る所にあり、小規模な斜面崩壊は必ずと言っていいほど地震の度に発生しています。一方、大規模な崩壊も時々発生し、1984年長野県西部地震や2008年岩手・宮城内陸地震では最大級の崩壊が発生しました（図1）。

崩れた土砂が川を閉塞して天然ダム（土砂ダム）を形成することもあります。2004年新潟県中越地震では山古志村（現長岡市）で多数の斜面が崩れ、芋川沿いの5か所で天然ダムが形成されました。水が溜まってくると崩れて土石流となって下流を襲う危険があるので、開削して水路を造る応急措置がとられました。

小規模な斜面崩壊は、斜面を構成する岩の表層が風化していた所に地震動が加わって滑るものが多いですが、大規模なものになると深い所の地層も影響します。長野県西部地震で発生した大規模な崩壊は、数万年前に形成されたU字谷を埋積していた厚さ数十～百数十mの火山性噴出物がすべったものです。

さて、日本には無数の自然斜面があるため、自然斜面の地震対策を施すことは不可能に近いと言えます。特に大崩壊に対してはまず予測自体が困難です。一方、小規模な崩壊に関してはある程度予測できる場合もありますが、対策を施すには多大な費用がかかって現実的に不可能に近く、地震への対策を施した自然斜面はまだ少ない現状にあります。

なお、道路や鉄道などの建設にあたって造られた切土斜面でも、地震によって時々崩壊が発生します。盛土のり面と同様に、切土斜面でも一般に降雨に対する安定性しか考慮されてきませんでした。ただし最近、切土斜面に対しても耐震補強がなされるようになってきました。東京都のJR御茶ノ水駅～水道橋駅間では、盛土の補強と同時に、切土のり面の補強も行われました（図2b）。

●斜面崩壊は日本の国土では避けては通れない
●崩れた土砂による天然ダムの脅威
●自然斜面への事前対策は非常に困難

図1　1984年長野県西部地震で
大規模なすべりが発生した御嶽山の斜面

8合目付近で崩壊した土砂は時速70～100km程度の猛スピードで約13km下流まで流れ下りました。

図2　JR東日本による御茶ノ水駅～水道橋駅間の
盛土・切土部分耐震補強

(a)盛土区間

(b)切土区間

59 日本で土砂災害が多い理由

豪雨による土砂災害の種類

日本には山地が多いことに加え、多雨地帯に属すため雨が多く降ります。年平均降水量は世界平均の約2倍です。また、降雨の季節変動が大きく、台風も多く襲います。そのため、山地では毎年のように台風や豪雨による災害が発生しています。これらの災害として①急傾斜地の崩壊、②土石流、③地すべりがあり、これらを合わせて土砂災害と呼んでいます。

急傾斜地の崩壊のうち小規模なものは、各地で頻繁に発生しています。山地だけでなく、丘陵地や台地でも発生しています。大規模な崩壊は台風などの豪雨が襲った場合に発生します。例えば、2013年の台風26号では伊豆大島で最大時間降雨量が118・5㎜、連続降雨量が824㎜と猛烈な雨が降りました。このため、西側斜面の広い範囲で大崩壊が発生しました（**図1**）。この地区は溶岩の上に火山灰が堆積しており、その表層土がすべったものです。

山地の斜面で崩れた多量の土石が谷に流れ込むと、水と土が混じって土石流となって猛スピードで下流へ流れていきます。大玉石が先頭になって流れていくので、途中にある構造物を破壊する力も強大になります。例えば、広島市安佐南区では2014年に最大時間降雨量115㎜、総降雨243㎜の豪雨が降り、風化してまさ土になっていた斜面の表層が崩壊し、土石流となって流れました。この地区は1970年代頃から宅地開発が進み、沢の出口まで家が建てられていました。家屋は破壊され、夜間に土石流が発生したこともあり、77名もの犠牲者がでました（**図2**）。

地すべりの定義は明確ではありませんが、緩やかな傾斜地盤が雪融けや降雨時にゆっくり滑ることを指すとしています。すべりがしばしば発生している所を地すべり地と呼んでおり、各地に点在します。特に新潟県から長野県にかけて多く、毎年雪融け時に地下水位が上昇してすべることを繰り返しています。

要点BOX

- 土砂災害は急傾斜の崩壊、土石流、地すべりを呼ぶ
- 発生場所は山地だけでない
- 斜面では土石流となり破壊力が強大になる

図1　2013年の台風26号で崩壊した伊豆大島の斜面

崩壊前日夕方に土砂災害情報が出されていましたが、夜中に災害が発生したこともあり、多数の犠牲者が出ました。

図2　広島で発生した土石流による住宅の被害

発生した土石流では大玉石が先頭となって流れ下るため、大きな破壊力となりました。

60 レッドゾーンとイエローゾーンに注意

土砂災害の対策

土砂災害のうち急傾斜地の崩壊に関しては、特定の斜面を対象にした場合、すべりに対する安定性を計算することは可能です。ただし、ある地域に対し自然斜面の崩壊の発生危険箇所を定量的に精度良く予測することは困難です。これは都市部と違って山地では地盤調査がほとんど行われておらず、計算に用いるせん断強度定数や表層崩壊を生じ易い風化層の厚さ、地下水位の分布が分からないからです。

一方、広い範囲で用いることができる土砂災害の情報としては、斜面を構成する地質、斜面勾配、斜面高さ、斜面形状といったものがあり、さらに個々の斜面になると地下水の湧水状況、クラックなどの変状といったものが得られます。これに降水量を考慮して崩壊危険性を定性的に評価する方法は、いくつか開発されてきています。

日本では、都道府県が渓流や斜面およびその下流など、土砂災害により被害を受けるおそれのある区域の地形、地質、土地利用状況などについて調査して結果を公表し、土砂災害のおそれのある区域などを指定するようになってきました。その区域には、土砂災害特別警戒区域（レッドゾーン）と土砂災害警戒区域（イエローゾーン）があります（図1）。

降雨に対する急傾斜地の対策工は、43項で前述したように数多く開発され、適用されてきています。

土石流の発生のし易さは、谷の形状（勾配や幅、長さ、断面形など）、地質、豪雨の強さなどに影響され、発生の予測はなかなか難しいのが現状です。土石流の影響を軽減するためのハードな対策としては砂防堰堤の建設があります（図2）。

地すべり地は地形に特徴があります。また、毎年雪融けのときなどに少しずつすべっていて、場所も特定できます。地すべりに対する対策としては、地下水位を低下させてすべりを抑制する方法と、抑止杭ですべりを食い止める方法などがあります。

要点BOX

- ●斜面崩壊や土石流の広範囲な発生箇所の予測は困難
- ●個々の急傾斜地や地すべり地は対策が可能

図1　土砂災害警戒区域と特別警戒区域

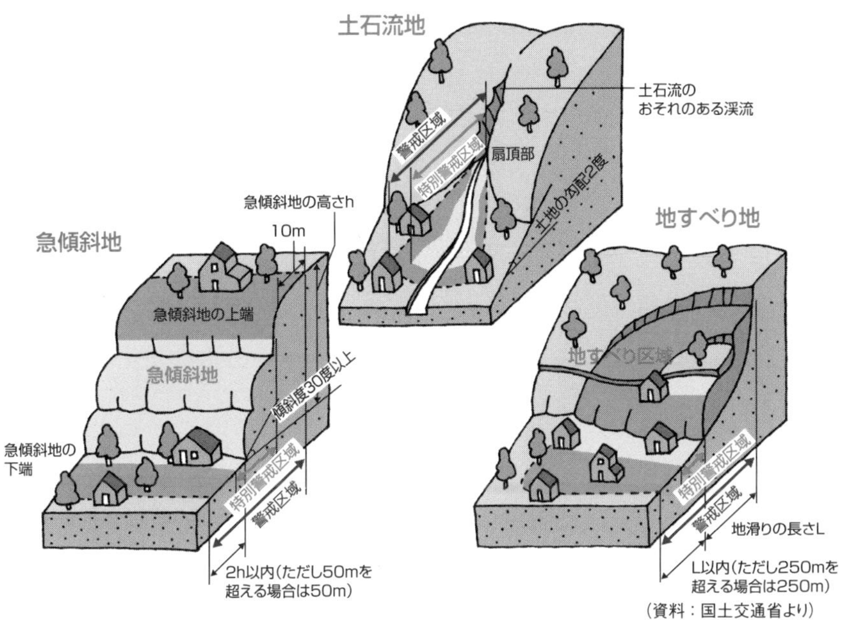

(資料：国土交通省より)

図2　広島の土石流被害箇所に建設された砂防堰堤

2014年に広島市で土石流被害が発生した箇所に建設された砂防堰堤。

61 気候変動による河川の氾濫の増加

豪雨による河川堤防の決壊

日本には河川が多数存在し、降水量が多く河床勾配も急なため、河川の氾濫が発生し易い状況にあります。そのため、堤防を築いて流路を制御し、上流部にダムを設けて流出量を調整します。さらに、中流・下流部に遊水池を設けて流量調整するなどの対策を、昔から行ってきました。それでも氾濫を完全に防ぐことは難しく、しばしば被害が発生しています。

特に、2019年10月12日から中部、関東、北陸、東北地方を襲った台風19号は、各地に甚大な被害をもたらしました。この被害の特徴は、何と言っても広い範囲に多量の雨が降り、各地の河川に多量の水が流れ込んだことです。神奈川県の箱根で降水量が1000㎜を超えたことを筆頭に、関東山地などでは500㎜以上の猛烈な雨が降りました。これらの雨が河川に流れ込んで水位が異常に上がり、堤防を越える越水が各地で発生しました。そして、堤防が142か所で決壊しました(図1)。

堤防の決壊が生じるメカニズムは3つあります(図2)。1つ目は越水による決壊です。越水が数時間も長く続くと、堤内地側ののり面の土を削っていき、遂には堤防が崩壊します。2つ目は浸透破壊やパイピング破壊です。川の水位が高くなると川の水が堤防の中に浸透し、その流れによって堤防の土が堤内地側に噴き出したり、のり面がすべり、遂には堤防を壊します。3つ目は侵食による決壊です。川の流れが強いために、川表のり面が次第に削られていき、堤防が崩れます。

これらのうち、浸透破壊に対しては47項で前述したように、止水矢板などで対策を施すことが行われています。それでも、この台風19号では河川が各地で満杯になり、越水による堤防の決壊が多く発生しました。気候変動により広範囲に大雨が降るようになっていると考えられ、各河川の特性を生かしたハード対策が急務とされています。

要点BOX
- ●ダムや遊水地で流量調整しても防げない被害
- ●越水、浸透、侵食が河川堤防の決壊のメカニズム
- ●気候変動の影響で大雨が増大傾向に

図1　2019年台風19号で決壊した越辺川の堤防

（朝日新聞社のヘリコプターに同乗して著者撮影）

決壊箇所から水が流れこんだだけでなく、支流の内水氾濫も発生して広い範囲が水に浸かりました。

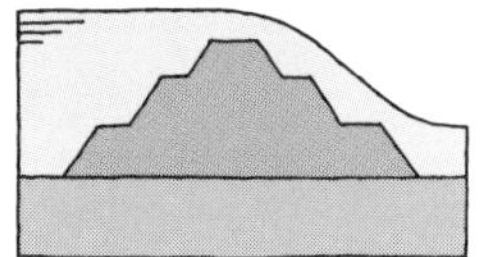

河川水が越流する

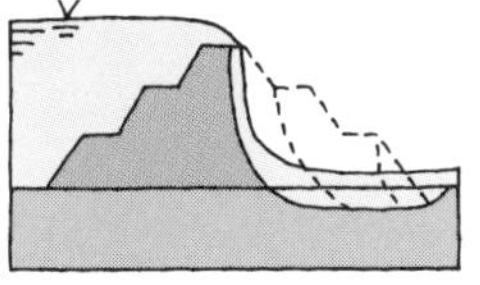

越流水により人家側ののりの崩壊が進む

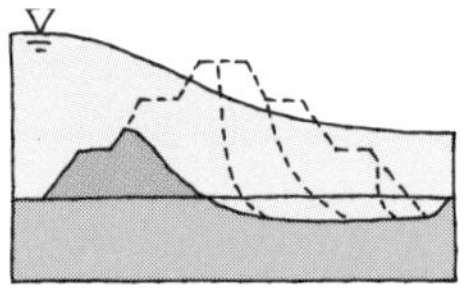

天端が崩壊し堤防が決壊する

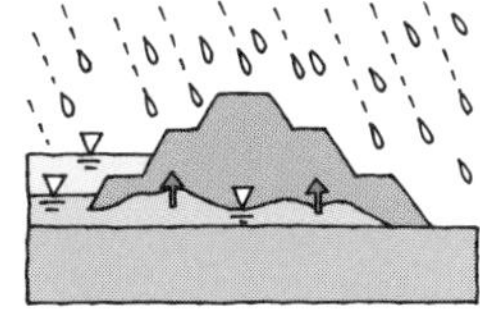

降雨により堤防内の水位が上昇

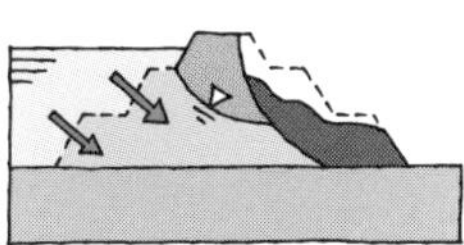

河川の水が、堤防内にしみこみ堤防がすべり始める

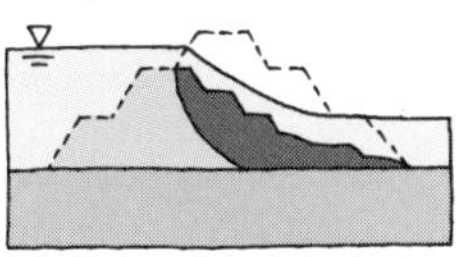

堤防のすべりが進行し、天端が崩壊し堤防が決壊する

侵食

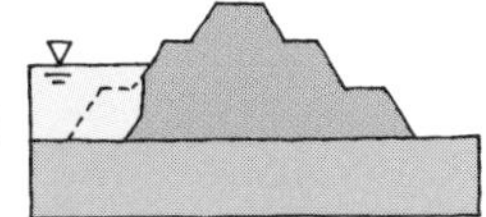

河川水による侵食・洗掘が発生

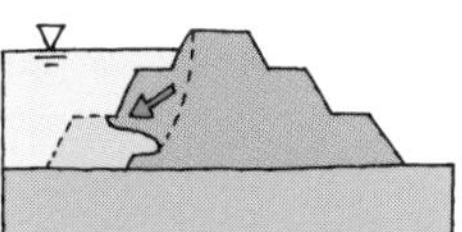

さらに侵食･洗掘が進むと堤防がすべり始める

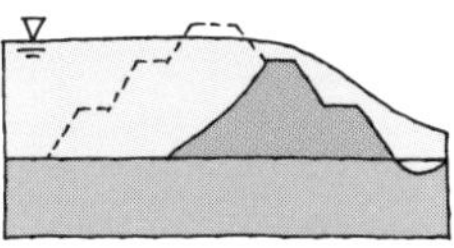

堤防の侵食、先掘が進行し天端が崩壊し、堤防が決壊する

（資料：国土交通省より）

62 100年前から始まった地盤沈下

地下水の汲み上げによる地盤沈下

東京や大阪の下町では、明治時代の末期頃から地盤が沈下し始めました。当初その原因は分かりませんでしたが、1つに工業用水の汲み上げが原因であることが分かってきました。この地区では明治維新以来急速に工業化が進められ、工業用水が必要となり、深井戸を掘り洪積層の砂礫層から地下水を汲み上げました。その結果、その洪積層上の沖積粘土層で圧密が生じ沈下したのです。

圧密は18項に示しましたように、一般に上部に荷重が加わったときに発生します。埋立地の場合は正にそうです(**図1a**)。ところが荷重を加えなくても、ある深さで間隙水圧が減少しますと、16項で前述したように有効上載圧が増加します。洪積砂礫層から水を汲み上げると、その層に加え上部の沖積粘土層の間隙水圧も下がって、沖積粘土層の有効上載圧が増加し圧密を生じるのです(**図1b**)。

原因が明らかになったため、昭和30年代後半に汲み上げの規制が行われ、やっと地盤沈下が止まりました。ただし、東京都江東区では4・5mもの沈下量に達し、東京低地では124km²に及ぶゼロメートル地帯が形成されてしまいました(**図2**)。この地帯は堤防や護岸によって浸水を防いでいますが、万一地震で壊れたり、気候変動によりそこを越える高潮などが生じるようになった場合には、水が流れ込んで水害が発生する危険性も有しています。また、東京駅や上野駅では、地下水を汲み上げて間隙水圧が減少していた頃に建設した地下部分が浮上る危険性も出てきたので、アンカーなどで浮上り対策が施されました。

地下水を汲み上げるための地盤沈下は、他の地域でも発生しています。雪が多く降る上越の地下水を汲み上げて融雪に用いている地区で、冬季に地盤沈下が繰り返されています。また、有明海沿岸では農業用水確保のために地下水を汲み上げるため、地盤沈下が発生してきました。

要点BOX
- ●地下水の汲み上げによる圧密で地盤沈下が発生
- ●汲み上げに関する規制で食い止めた地盤沈下
- ●生活上の汲み上げによる地盤沈下はいまだに発生

図1　埋立てと深層からの地下水汲み上げによる有効上載圧の増加

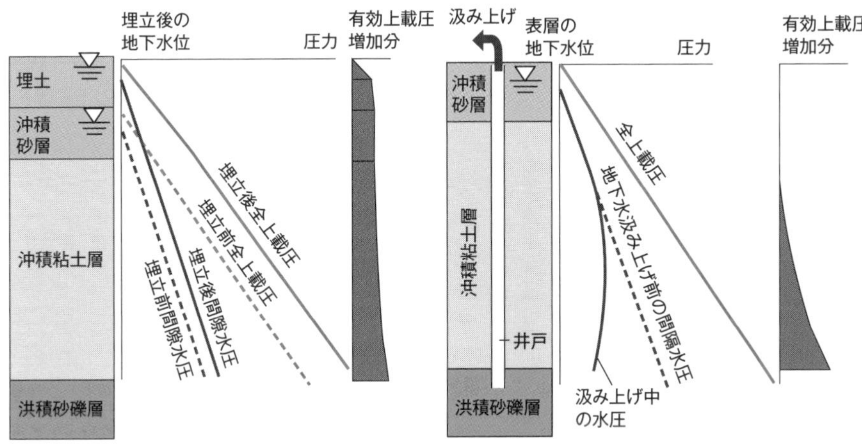

図2　東京都におけるゼロメートル地帯

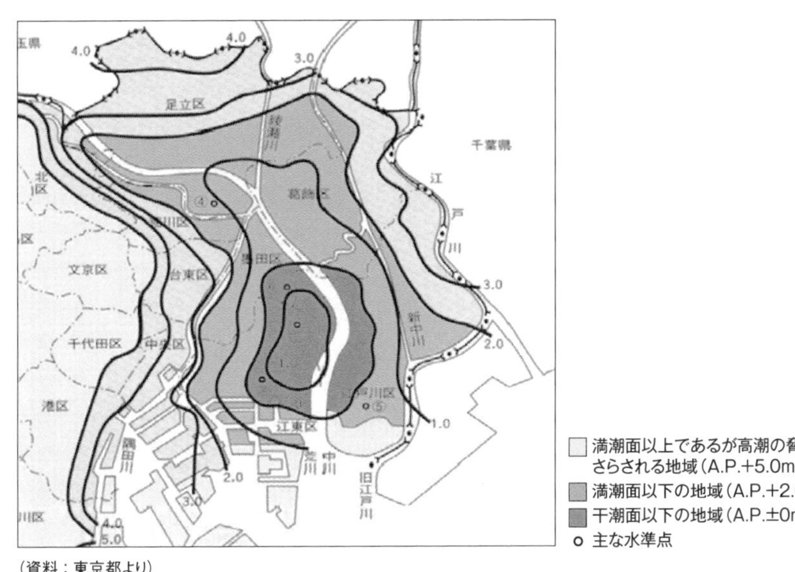

（資料：東京都より）

用語解説

ゼロメートル地帯：満潮になると水面が地表面より高くなる地帯。
A.P.：東京湾霊岸島水標の目盛による。ArakawaPeilの略。荒川工事基準面でA.P.0.0m＝T.P.－1.134m。

63 土壌環境は改善できる

土壌汚染対策

住宅地や工業地、商業地など、多くの目的で土地は利用されています。土地の活用方法によって、人体に有害な物質が地盤内にはいり込んで汚染されることがあります。

これに対し、1991年に公害対策基本法のもとで土壌による水質浄化・地下水かん養機能を保全する観点から、土壌環境基準が設定されました。その後、数度にわたって改正され、現在では環境省でカドミウムやシアンなどに対し、人の健康を保護し、生活環境を保全する上で維持することが望ましい土壌環境基準が示されています。そして、土地所有者などに対し、契機をとらえて土壌汚染の実態を把握し、もし指定基準を超えてリスクが高ければその情報を公開し、リスク削減措置をとることが求められています。

土壌汚染対策が大々的に実施された、豊洲市場の事例を示してみます。東京都の築地市場では多くの施設が耐用年数を超えるとともに、過密化、狭あい化していたため、2001年に埋立地の豊洲に移転することが決定され、2018年10月に豊洲市場が開場しました。この場所は東京ガスの工場として使われ、ガスの製造工程で生成されたベンゼン、シアン化合物、ヒ素、鉛、水銀、六価クロム、カドミニウムにより土壌および地下水が汚染されていました(図1)。

そこで、①市場用地内からの地下水漏出と外部からの地下水の侵入防止のため周縁に遮水壁を設置、②ガス工場操業時の地盤面(約A.P.+4m)からA.P.+2mまでの土壌は汚染の有無に関わらずすべて掘削除去、③A.P.+2m以深については調査によって把握した汚染物質について土壌は掘削除去、地下水は揚水・復水を繰り返して浄化(図2)の3点を実施しました。

③の汚染土壌は場内に設置した仮設土壌処理プラント(洗浄処理、掘削微生物処理、中温加熱処理)および外部許可施設で処理されました。さらに、液状化対策や地下水管理が行われました。

要点BOX

- ●基準を超える場合は情報開示とリスク削減の措置
- ●豊洲市場は近年の大規模な土壌汚染対策例
- ●土壌は掘削除去、地下水は揚水・復水で浄化

図1　東京都の豊洲市場となった元ガス工場の施設配置の簡略図

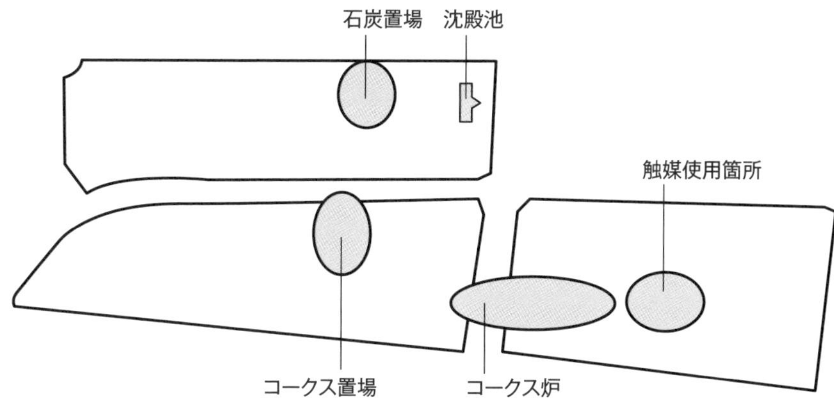

（資料：東京都より）

図2　地下水の浄化状況

いくつかの方法で地下水の浄化が行われました。

64 点検で災害を未然に防ぐ

地盤の風化や老朽化への対策

我が国では第2次世界大戦後に種々の構造物が急速かつ数多く建設されました。それから半世紀ほど経って、老朽化してきたことが大きな社会問題となってきました。例えば、多くの橋梁が老朽化し、その点検、補修が行われつつあります。

土は堆積した後、年月が経つと一般に締まって強くなります。しかし、地盤工学の分野では老朽化は問題ない、とは言えない場合もあり、注意が必要です。道路や鉄道、造成宅地の盛土において、盛土材料に、例えば泥岩塊のように風化し易い材料を用いており、さらにそこに地下水がしみ込んでくるような場合には、スレーキングと呼ばれる風化が生じて粘土化します（図1）。

盛土建設時に盛土内の水位が上がらないよう、沢部に暗渠排水管を設けることがよく行われます。しかし、長年経つと排水管が老朽化して壊れ、盛土内の地下水位が上がってしまうことがあります。暗渠排水管の接合部がはずれて、そこから周囲の土が吸い出され空洞化することもあります。これによって盛土が不安定化し、地震や豪雨をきっかけに崩壊することがあります（図2）。これらに対しては、まだ点検方法も確立されていない段階にあります。

山を削って切土斜面を建設した箇所では、建設後に斜面の表面が次第に風化して弱くなっていきます。これを防ぐためにのり面保護工も設けられていますが、それ自体も老朽化してきています。宅地の擁壁も同様で、擁壁自体が老朽化し不安定化している所が多く見受けられます。これらは点検により、ある程度危険性が判断でき補強も可能です。

道路下に埋設されている埋設管の老朽化も大きな問題となってきています。下水道管の老朽化で穴があき、周囲の地盤を吸い出して空洞化していた箇所が突然陥没するといった事故が発生しており、その点検、補修が必要とされています。

要点BOX

- ●盛土材の風化、排水設備や擁壁の老朽化に注意
- ●埋設管の老朽化も陥没を生じさせる
- ●点検方法を確立させる必要がある

図1　スレーキングと地震による東名高速道路の被害

2009年の駿河湾地震により東名高速道路の牧之原地区で盛土が崩壊しました。盛土に使用された泥岩のスレーキングが主原因と推定されます。

盛土材として使用していた泥岩

↓

スレーキング

↓

泥岩が脆弱化

↓

地震発生

↓

崩壊

図2　盛土造成宅地で設置する暗渠排水管と老朽化で生じている問題

暗渠排水管の配置位置

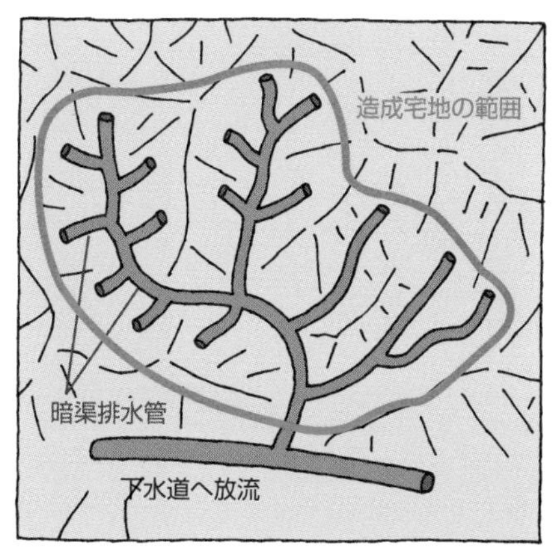

老朽化例①

暗渠排水管の老朽化により排水できなくなって地下水位が上がる

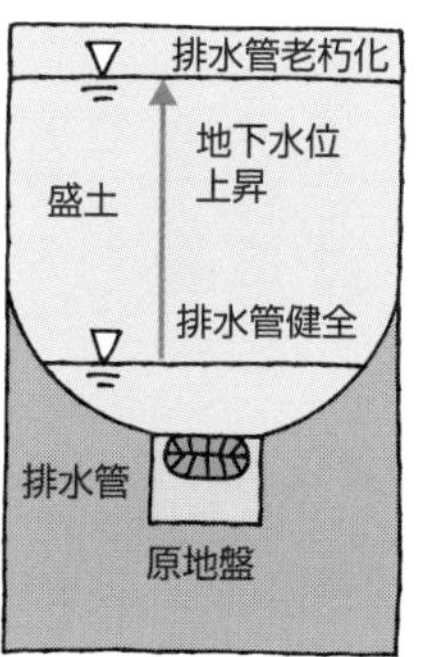

老朽化例②

暗渠排水管の接続部などからの土の吸出しによって空洞ができる

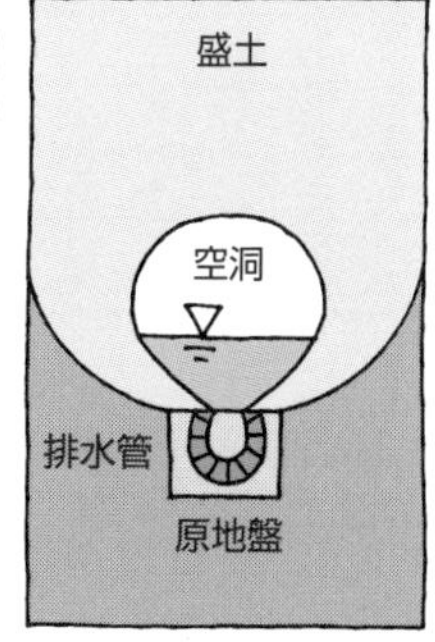

65 地面が持ち上がりずれる

大断層による災害

第6章では我が国で頻繁に発生する地震や豪雨時の地盤関係の災害に関して、予測・対策方法を示してきました。ところが、滅多に発生しないものの、発生するととてつもない被害をもたらす災害がいくつかあります。そのうち、65項から67項では断層、火山、大規模な地盤の流動をとり上げ、被災事例を示します。これらは発生する確率は低く、また予測や対策は難しいのですが、このようなリスクもあることを認識しておくことが大切です。

まず断層です。地震がある深さのプレート内やプレート境界のずれによって発生し、その揺れが地表に伝わってくることは51項で述べましたが、その深部で発生したずれの規模が大きいと、ずれが地表まで達して、地表地震断層が生じます。1999年はこの地表地震断層による被害が海外で目立った年でした。8月に起きたトルコ・コジャエリ地震ではイズミット湾沿岸から東にかけて東西方向に横ずれ地表地震断層が発生し、4～5mにも及ぶ大きな横ずれが生じました（図1）。9月には台湾で集集地震が起き、台湾中部で南北方向に縦ずれの逆断層が発生し、最大9mもの段差が発生しました。この断層変位のために橋が落ち（図2）、建物や鉄塔が傾斜し、線路が大きく曲がるといった甚大な被害が発生しました。

このような大きなずれを伴う地表地震断層は日本では近年発生していませんが、過去には起きています。1891年濃尾地震のときには岐阜県から福井県にかけて大規模な地表地震断層が生じました。岐阜県の水鳥付近では西側に6mも隆起し、南南東に2mずれたとの記録が残っています。

このような地表地震断層の発生を止めることは不可能です。ただし、ハザードマップにも断層の位置は記入されるようになってきているため、断層を避けて構造物を建設するとか、ずれが生じても甚大な被害が生じないよう対策することが必要と言えます。

●プレートのずれが地表にまで達する
●地表地震断層は横にも縦にも数mずれる
●日本では1891年に大規模な断層が発生

図1 トルコ・コジャエリ地震のときに発生した4mの横ずれ断層と倒れなかった塀

断層によって塀が約4mもずれました。ただし、塀は倒れなかったので震動が大きくなかったようです。

図2 台湾・集集地震の逆断層によって手前の地盤が持ち上がり落橋した橋

川が滝のように見えますが、これは上流にあたる右側が断層によって持ち上がったからです。手前も持ち上がって橋が落ちました。

66 何が起こるか分からない火山

大規模な火山災害

火山の土は特殊なことは9項に示しましたが、活火山が111もある火山国の日本では、火山によってとんでもない災害が発生してきています。

記憶に新しい災害としては、まず、東京都の三宅島の噴火や溶岩流が上げられます。近年三宅島は周期的に噴火を繰り返しています。1983年には南西山腹で割れ目噴火が発生し、溶岩流が南西方向に流出しました（図1）。西側に流れた溶岩流は阿古地区の約400棟の家屋を埋没・焼失しました。2000年6月には地震が頻発に発生し始め、8月には大規模噴火が発生し、島内には大量の噴石や火山灰が降下しました。そして、9月には全島民（3855名）の島外避難に至りました。全島避難指示が解除されたのは2005年になってからです。

長崎県の雲仙も過去に活動を繰り返しています。1792年には噴火して溶岩を流出しただけでなく、さらに島原側にある眉山が大崩壊しました。崩壊した岩石は有明海に流入して津波を発生させ、有明海岸対岸の熊本県に被害をもたらしました。1990年11月には噴火が再開し、活動は次第に活発化しました。1991年5月には普賢岳で溶岩ドームが出現しました。そして、その先端が崩れて火砕流の発生が始まったのです。6月3日、遂に規模が大きい火砕流が発生し、猛烈なスピードで流下し、43名が犠牲になり、179棟が焼失しました。その後も火砕流が頻繁に発生して襲われた地区は焼け野原となってしまいました（図2）。1995年2月になってやっとマグマの供給が停止。それまでに9432回ほど火砕流が発生し、溶岩噴出量は約2億㎥に及びました。

過去にはさらに大規模な災害が発生しています。例えば福島県の磐梯山では1888年に水蒸気爆発が引き金となって大規模な山体崩壊が発生しました。そして岩屑なだれを引き起こし、3つの集落を埋没し、河道を閉塞して桧原湖、秋元湖などが形成されました。

要点BOX
- ●火山国、日本。活火山は111もある
- ●火山による被害は数年にわたる
- ●火山の爆発によって湖が形成された

図1　三宅島で1643年以降に発生した噴火における主な溶岩流および噴火地形

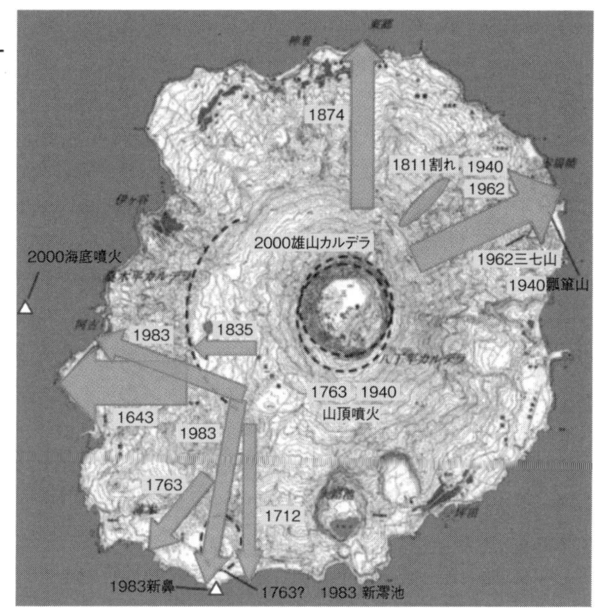

（資料：気象庁ホームページより）

図2　雲仙で発生した火砕流により焼けただれた地区

67 緩やかな傾斜地盤でも大規模に地盤が流れ出す

クイッククレイ

北欧やカナダにはクイッククレイなる特殊な粘土が堆積している地盤があり、時々大規模に地盤がすべり出しています。そのうち、1978年にノルウェーのリサで発生した地盤のすべりは一連の動きを8㎜フィルムで撮影されていたため、被害の発生状況が明らかにされています。

ここはなだらかな山の麓から湖へ向かう緩やかな傾斜地盤で、農地に使われていました。農家の人が小さな盛土をしたところすべり破壊が生じ、続いてすべり破壊が内陸に向かって連続し、約1㎞まで進んで終息しました(**図1**)。このため、33万㎡にわたって、合計500~600万㎥の土が流出し、湖に流れ込んだために津波を起こして対岸の集落にも被害を与えました。この地域では氷期に厚い氷床に覆われていましたが、その後氷河の後退とともに隆起して陸地になりました。そして地下水によって海成粘性土中のナトリウムイオンが溶脱され、わずかな外力で強度が大きく低下するクイッククレイとなっていたのです。そのため、小さな盛土といったトリガーだけで、広い範囲の地盤がすべってしまいました。

地震の作用によっても緩やかな傾斜地盤が流れ出すことがあります。2018年にインドネシアのスラウェシ島のパルで発生した地震では、大規模な地盤の流れ出しが発生しました(**図2**)。この地区では東西両側を山に囲まれた、南北に細長い低地が形成されています。両側の山際には断層があり、年間4㎝といった速い速度でずれていると考えられています。この地震の際には約4mの地表地震断層が現れました。それだけでなく、山際の扇状地末端の2~5%といった緩やかな傾斜地盤で、長さ1・5㎞に及ぶ地盤が流れ出しました(**図3**)。家などが500m程度も流れたという驚くべき移動距離でした。動画を撮っていた住民の方の話によると、自転車の速度くらいで流れていったとのことです。

要点BOX
- ●一部の地域の特殊な粘土層
- ●わずかな力で広範囲に及ぶ地盤のすべり
- ●まだある、未知なる地盤の動き

図1　ノルウェーのリサで発生した地すべりの範囲

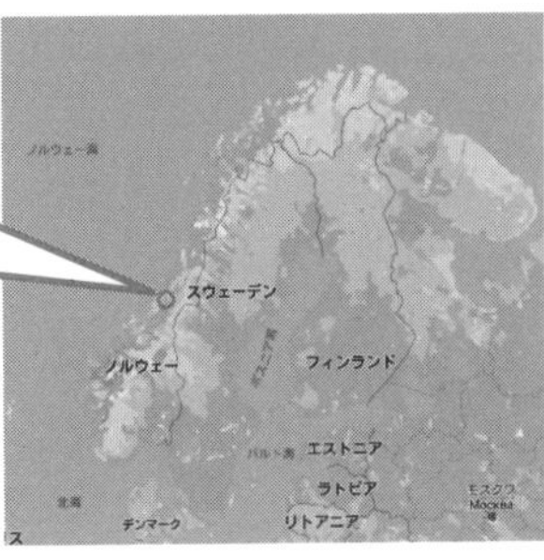

Google画像©2020 CNES/Airbus,Landsat/Copernicus,Maxar Technologies,
地図データ©2020

図2　インドネシアのパルで地盤が流れ出した地区

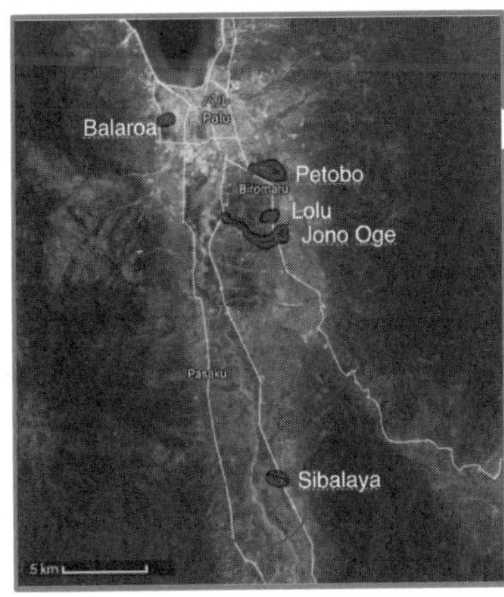

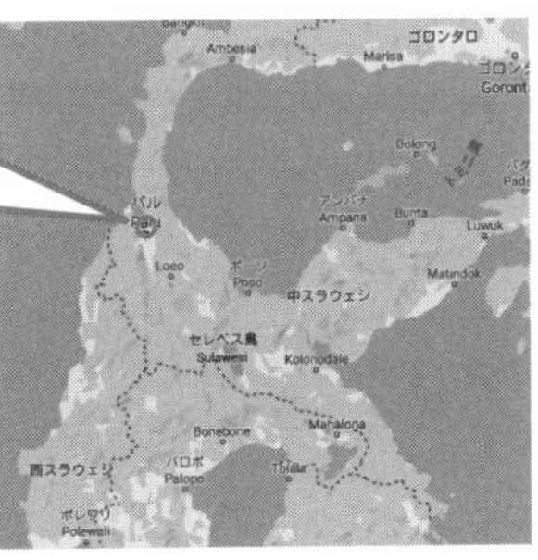

Google画像©2020 Terra Metrics,
地図データ©2020

図3　流動した区域の下流部（ペトボ地区）

地震で流動する被害には、タジキスタンで発生した黄土の液状化による大規模土砂流動や、能代の砂丘斜面で発生した液状化による流動もあるよ。また、1965年から始まった松代群発地震のときに地下から水が噴き出してすべった例もあるよ

不思議な現象が起きるんですね

Column

地震時の挙動を理解して設計を

国民体育大会は毎年秋の本大会と冬季大会が開かれていますが、1964年は東京オリンピックが10月に開催される関係から、秋季大会を春季大会に前倒しすることになり、6月6日から11日にかけて新潟市で開催されました。それに合わせて、新潟市では旧昭和橋が架け替えられ5月に竣工し、名称も昭和大橋に改められました。

ところが大会終了5日後の6月16日に新潟地震が発生し、昭和大橋は開通から約1か月で落橋してしまいました。なぜ落橋したのか、地震後に以下の3つの考え方が挙がってきました。①震動による慣性力が大きくて落橋した、②液状化により地盤反力が低下し変位振幅が大きくて落橋した、③左岸側からの地盤の流動が杭基礎を押して落橋した。

しばらく決着はつきませんでしたが、新潟地震から約40年後に橋の上下で作業をしていた人や、川岸で落橋を見た人など数名に詳細なヒアリングが行われ結論が出されました。

それによると、①落橋が始まったのは大きく揺れているときではなく主要動はおさまった初動から70秒前後からである、②左岸側の護岸のところにいた高校生の証言によると、落橋が始まって逃げる途中で地割れが発生した。したがって、地盤の流動が発生する前に落橋した、③流動による被害だと左岸の橋桁から落橋すべきであるが、実際には中央部の橋桁が最初に落ち、それから隣の桁が落ちていった。

これらのことから、昭和大橋が落橋したのは、地盤が液状化して杭の水平支持力が減少していたところに、70秒後あたりに変位振幅の大きい揺れがあったためと判断されました。

この地震では新潟空港ターミナルビルで液状化が発生して噴水が出始めるまでの大変貴重な動画も撮られていました。この動画を撮られた弓納持福夫氏の話によりますと、①揺れが収まって1分半くらいたったときビルから飛び出した人が後ろを振り返り、「ビルが沈む!」と叫んだ、②8ミリカメラで撮影を始めたら噴水・噴砂が始まりこれは強い揺れが収まってから2分くらいにあたる、とのことです。したがって噴砂・噴水が発生する前に建物は沈み始めていたことになります。

耐震設計を行うとき、このような被害の発生のタイミングを知っておくことが大切です。

【参考文献】（本書記載順）

鈴木隆介、「建設技術者のための地形図読図入門　第2巻低地」、古今書院、1998年
日本地形学連合編、「地形の辞典」、朝倉書店、2017年
遠藤邦彦、「日本の沖積層」、冨山房インターナショナル、2015年
池田俊雄、「わかりやすい地盤地質学」、鹿島出版会、1986年
石原研而、「土質力学　第3版」、丸善出版、2018年
安田進・他、「土質力学」、オーム社、1997年
地盤工学会、「地盤材料試験の方法と解説」、2016年
地盤工学会、「地盤調査の方法と解説」、2013年
地盤工学会、「地盤工学ハンドブック」、1999年
地盤工学会、「地盤工学用語辞典」、2006年
海野隆哉・他、「地盤工学」、コロナ社、1993年
地盤工学会、「全国77都市の地盤と災害ハンドブック」、2012年
吉川勝秀、「新河川堤防学」、技報堂出版、2011年
安田進・他、「建設技術者を目指す人のための防災工学」、コロナ社、2019年
石原研而、「地盤の液状化」、朝倉書店、2017年
地盤工学会、「液状化対策工法」、2004年
龍岡文夫監修、「新しい補強土擁壁のすべて」、総合土木研究所、2005年
宇津徳治・他、「地震の事典　第2版」、朝倉書店、2001年
宇佐美龍夫・他、「日本被害地震総覧 599―2012」、東京大学出版会、2013年
吉田望、「地盤の地震応答解析」、鹿島出版会、2010年
若松加寿江、「日本の液状化履歴マップ 745―2008」、東京大学出版会、2011年

■ 圧密

粘土地盤上に盛土したりタンクを建設した場合、その荷重によって長期間に渡って沈下していきます。これは荷重によって間隙が狭まるにあたって間隙水が絞り出されるのに時間がかかるためです。これを**圧密現象**と呼びます。

■ せん断抵抗角と粘着力

土のせん断強度は一定の値でなく、加わっている拘束圧に応じて大きくなります。そこで、せん断強度と拘束圧の関係を直線と仮定し、その傾きを**せん断抵抗角**、切片を**粘着力**として強度特性を表します。

■ 主働土圧と受働土圧

擁壁や岸壁には背後の地盤から押す力が働き、前に倒れようとします。これに対し、前面の地盤も押し返そうとします。前者を**主働土圧**、後者を**受働土圧**と呼びます。

■ 標準貫入試験と*N*値

地盤内の各深度における土の硬さを調べるために、一般に標準貫入試験を行います。この試験ではロッド先端に付けたサンプラーをボーリング孔底に入れ、ロッド上部に設けたストッパーに63.5kgのハンマーを76㎝の高さから落下させます。そして30㎝ほど貫入するまでに要した打撃回数を***N*値**とします。

■ 地盤改良

軟弱な粘土地盤において、支持力を増したり圧密沈下を促進させたいときに**地盤を改良**します。これには地盤内に砂の柱を打設したりセメントを混合するといった種々の方法があります。緩い砂地盤の場合にも液状化対策として、締固めやセメント混合などの方法で改良を行います。

■ 液状化

砂質土が緩く堆積していて地下水位が浅い地盤に、震度5弱程度以上の地震が襲うと、地盤が**液状化**し構造物が被害を受けます。地上にある重い構造物は沈下し、地中にある軽い構造物は浮き上がるなど、構造物によって被害状況は異なります。

用語の解説（本書記載順）

■ 間隙比

土は土粒子と間隙から構成され、さらに間隙内には水（間隙水と呼びます）と空気が存在します。間隙の体積を土粒子の体積で割った値を**間隙比**と定義しています。

■ 飽和度

間隙内に間隙水の占める割合を**飽和度**と呼びます。通常地盤内のある深さに地下水面があり、その下部では土粒子間の間隙は水で満たされて完全飽和状態なので、飽和度は100%です。地表面で乾いていると水がないので飽和度は0%となります。その間は間隙内に少し水がある不飽和状態です。

■ 含水比

間隙水の質量を土粒子の質量で割った値を**含水比**と呼びます。「%」で表示します。

■ 締固め度

土に適度に水を含ませるとよく締め固まります。そこで水の量を変えて締固め試験を行い、横軸に含水比、縦軸に土の密度をプロットしますと山型になり、そのピークから最大乾燥密度が求まります。原位置の乾燥密度を最大乾燥密度で割った値を「%」で表し、**締固め度**と呼びます。盛土をする場合、例えば90%以上に締め固めます。

■ 粒径加積曲線

土の粒子の大きさはまちまちで、細かい方から粘土、シルト、砂、礫と分けていますが、実際の土にはこれらが混じっています。そこで、この混じり具合の特性を示す方法として**粒径加積曲線**を用いています。

■ 透水係数

斜面に降った雨は地盤内にはいって、斜面下の方に流れていきます。このように地盤内を地下水が流れるときの速さを支配している指標として**透水係数**を用います。粒径が小さいと透水係数が小さくなります。

■ 間隙水圧と有効応力

地下水面以下のある深さの飽和した土を想像してください。その土には周囲から拘束圧が加わっています。これを土粒子間の接触力と間隙水の圧力で支えています。これらの3つの応力を**全応力**、**有効応力**、**間隙水圧**と呼びます。有効応力は土のせん断強度に関係する重要な値ですが直接測れませんので、全応力から間隙水圧を差し引いて求めます。

索引

英数

ア

カ

サ

今日からモノ知りシリーズ
トコトンやさしい
地盤工学の本

NDC 511

2020年 3月27日　初版1刷発行
2024年 7月25日　初版7刷発行

©著者　安田　進
発行者　井水 治博
発行所　日刊工業新聞社
東京都中央区日本橋小網町14-1
(郵便番号103-8548)
電話　書籍編集部　03(5644)7490
販売・管理部　03(5644)7403
FAX　03(5644)7400
振替口座　00190-2-186076
URL　https://pub.nikkan.co.jp/
e-mail　info_shuppan@nikkan.tech
印刷・製本　新日本印刷

●企画協力
石原研而
三浦基弘

●DESIGN STAFF
AD――――志岐滋行
表紙イラスト――――黒崎　玄
本文イラスト――――榊原唯幸
ブック・デザイン――奥田陽子
(志岐デザイン事務所)

●
落丁・乱丁本はお取り替えいたします。
2020 Printed in Japan
ISBN　978-4-526-08049-4 C3034
●
本書の無断複写は、著作権法上の例外を除き、
禁じられています。

●定価はカバーに表示してあります。

●著者略歴
安田　進(やすだ・すすむ)

工学博士
技術士(総合技術監理部門、建設部門)
土木学会特別上級技術者(地盤・基礎)
専門分野：地盤工学、土木工学、地震工学

●略歴
1948年　広島市生まれ
1975年　東京大学大学院工学系研究科博士課程修了
1975年　基礎地盤コンサルタンツ(株)入社
1986年　九州工業大学工学部 助教授
1994年　東京電機大学 理工学部 教授
2006年　地盤工学会副会長
2012年　土木学会理事
2013年　日本地震工学会会長
2016年　東京電機大学副学長
2018年　同大名誉教授

●受賞
1987年　土木学会論文賞
2011年　地盤工学会研究業績賞
2011年　国土交通大臣賞産学官連携功労者表彰
2012年　ガス保安功労者経済産業大臣表彰
2018年　科学技術分野の文部科学大臣表彰
(理解増進部門)
2019年　令和元年安全功労者内閣総理大臣表彰

●主な著書
『液状化の調査から対策工まで』鹿島出版会、1988年
『土質力学』(共著)オーム社、1997年
『建設技術者を目指す人のための防災工学』(共著)
コロナ社、2019年